大规模清洁能源高效消纳关键技术丛书

U0157479

光伏发电并网逆变器关键技术

吴福保　汪毅 等　编著

中国水利水电出版社
www.waterpub.com.cn

·北京·

内 容 提 要

本书从我国光伏发电并网逆变器的发展需求和实际应用关键技术入手,针对光伏发电并网逆变器各类关键技术开展论述,主要内容涵盖了光伏逆变器并网技术、光伏逆变器效率、建模仿真、测试与认证、实证技术、安全防护与电磁兼容以及对光伏逆变器未来发展趋势的探讨等,全面阐述了光伏发电并网逆变器各环节的技术内容。希望本书的出版能够促进我国光伏发电并网逆变器的研究和应用,推动光伏发电产业健康有序发展。

本书可供对光伏发电设备研究的专业技术人员阅读,对从事新能源领域的研究人员、光伏发电相关从业人员具有一定的参考价值,也可供其他相关领域的工程技术人员借鉴参考。

图书在版编目(CIP)数据

光伏发电并网逆变器关键技术 / 吴福保等编著. --
北京 : 中国水利水电出版社,2020.12
(大规模清洁能源高效消纳关键技术丛书)
ISBN 978-7-5170-9246-9

Ⅰ. ①光… Ⅱ. ①吴… Ⅲ. ①太阳能发电—逆变器
Ⅳ. ①TM464

中国版本图书馆CIP数据核字(2020)第251248号

书　　名	大规模清洁能源高效消纳关键技术丛书 **光伏发电并网逆变器关键技术** GUANGFU FADIAN BINGWANG NIBIANQI GUANJIAN JISHU	
作　　者	吴福保　汪毅　等 编著	
出版发行	中国水利水电出版社 (北京市海淀区玉渊潭南路1号D座　100038) 网址:www.waterpub.com.cn E-mail:sales@waterpub.com.cn 电话:(010)68367658(营销中心)	
经　　售	北京科水图书销售中心(零售) 电话:(010)88383994、63202643、68545874 全国各地新华书店和相关出版物销售网点	
排　　版	中国水利水电出版社微机排版中心	
印　　刷	天津嘉恒印务有限公司	
规　　格	184mm×260mm　16开本　12.75印张　264千字	
版　　次	2020年12月第1版　2020年12月第1次印刷	
印　　数	0001—3000册	
定　　价	**78.00元**	

本 书 编 委 会

Preface
序

　　世界能源低碳化步伐进一步加快，清洁能源将成为人类利用能源的主力。党的十九大报告指出：要推进绿色发展和生态文明建设，壮大清洁能源产业，构建清洁低碳、安全高效的能源体系。清洁能源的开发利用有利于促进生态平衡，发展绿色产业链，实现产业结构优化，促进经济可持续性发展。这既是对我中华民族伟大先哲们提出的"天人合一"思想的继承和发展，也是党中央、习主席提出的"构建人类命运共同体"中"命运"质量提升的重要环节。截至 2019 年年底，我国清洁能源发电装机容量 9.3 亿 kW，清洁能源发电装机容量约占全部电力装机容量的 46.4%；其发电量 2.6 万亿 kW·h，占全部发电量的 35.8%。由此可见，以清洁能源替代化石能源是完全可行的。

　　现今我国风电、太阳能等可再生能源装机容量稳居世界之首；在政策制定、项目建设、装备制造、多技术集成等方面亦具有丰富的经验。然而，在取得如此优势的条件下，也存在着消纳利用不充分、区域发展不均衡等问题。目前清洁能源消纳主要面临以下困难：一是资源和需求呈逆向分布，导致跨省区输电压力较大；二是风电、光伏发电的出力受自然条件影响，使之在并网运行后给电力系统的调度运行带来了较大挑战；三是弃风弃光弃小水电现象严重。因此，亟须提高科学技术水平，更加有效促进清洁能源消纳的质和量，形成全社会促进清洁能源消纳的合力，建立清洁能源消纳的长效机制，促进清洁能源高质量发展，为我国能源结构调整建言献策，有利于解决清洁能源产业面临的各种技术难题。

　　"十年磨一剑。"本丛书作者为实现绿色能源高效利用，提高光、风、水、热等多种能源综合利用效率，不懈努力编写了《大规模清洁能源高效消纳关键技术丛书》。本丛书从基础研究、成果转化、工程示范、标准引领和推广应用五个环节着手介绍了能源网协调规划、多能互补电站建模、测试以及快速调节技术、多能协同发电运行控制技术、储能运行控制技术和全国集散式绿色能源库规模化建设等方面内容。展现了大规模清洁能源高效消纳领域的前沿技术，代表了我国清洁能源技术领域的世界领先水平，亦填补了上述科技工程领域的出版空白，望为响应党中央的能源转型战略号召起一名"排头兵"的作用。

这套丛书内容全面、知识新颖、语言精练、使用方便、适用性广，除介绍基本理论外，还特别通过实测建模、运行控制、测试评估等原创性科技内容对清洁能源上述关键问题的解决进行了详细论述。这里，我怀着愉悦的心情向读者推荐这套丛书，并相信该丛书可为从事清洁能源消纳工程技术研发、调度、生产、运行以及教学人员提供有价值的参考和有益的帮助。

中国科学院院士 卢强

2019 年 9 月 3 日

Foreword
前言

　　能源是国家发展和经济生活的重要基础，伴随着环境污染、能源衰竭等问题的凸显，国际能源转型步伐加快，各国纷纷调整能源发展结构，全球能源呈现更加清洁化、低碳化发展趋势，太阳能等新能源发电得到了大力发展。光伏发电是太阳能利用的一种重要形式，我国太阳能资源丰富，光伏发电行业在国家政策扶持下蓬勃发展，新增和累计光伏装机容量居全球首位，预计到2050年，光伏发电将成为我国的第一大电源，光伏发电总装机容量达 50 亿 kW，占全国总装机容量的 59%。然而，光伏发电固有的间歇性、波动性等特征，将使得高比例光伏发电接入电网后会引发电力系统的安全稳定问题，同时光伏发电系统效率、安全等性能也是光伏发电系统的重要指标，光伏逆变器是光伏发电系统的核心部件，光伏逆变器的性能对于整个光伏发电系统至关重要，因此，亟待研究光伏发电并网逆变器关键技术。

　　本书从我国光伏发电并网逆变器的发展需求和实际应用关键技术入手，针对光伏发电并网逆变器各类关键技术开展研究，涵盖了光伏逆变器并网技术、效率、建模仿真、测试与认证、实证技术、安全防护与电磁兼容以及对光伏逆变器未来发展趋势的探讨等内容，全面阐述了光伏发电并网逆变器各环节的技术内容。光伏发电已经成为我国重要的电源载体，作为光伏发电的核心装置，保证光伏发电并网逆变器良好的并网特性对促进光伏规模化高效消纳具有至关重要的作用，希望本书的出版能够推动我国光伏发电并网逆变器的研究和应用，助力光伏发电产业健康有序发展。

　　本书对研究光伏发电设备的专业技术人员具有较好的指导作用，对新能源领域的研究人员、光伏发电相关专业从业人员具有一定的参考价值，也可供其他相关领域的工程技术人员借鉴参考。希望本书的出版能够促进我国光伏发电并网逆变器的研究和应用，推动光伏发电产业健康有序发展。

　　本书由吴福保、汪毅主编。共 8 章，第 1 章由徐亮辉、张军军、杨青斌编写；第 2 章由张晓琳、姚广秀、秦筱迪编写；第 3 章由杨青斌、张军军、徐亮辉编写；第 4 章由秦筱迪、张晓琳、葛路明编写；第 5 章由陈志磊、郭重阳、吴蓓蓓、周荣蓉编写；第 6 章由张军军、丁明昌、张双庆编写；第 7 章由刘美茵、常垚、王宁编写；第 8 章由秦筱迪、刘美茵、常垚、王宁、张晓琳编写；全书由吴福保、汪毅、丁杰指导完成。

本书在编写过程中参阅了很多前辈的工作成果，引用了大量光伏逆变器实际解决方案及现场试验的运行数据，在此对阳光电源股份有限公司、华为技术有限公司等单位表示特别感谢。本书在编写过程中得到中国电力科学研究院新能源研究中心朱凌志、夏烈、包斯嘉、董玮，华为技术有限公司辛凯、钟明明、邵章平、旷键，阳光电源股份有限公司黄晓阁、钱辰辰等人员的大力协助，在此一并表示衷心感谢！

限于作者的学术水平和实践经历，书中难免有不足之处，恳请读者批评指正。

作者

2020 年 12 月

Contents 目录

第 1 章

光 伏 逆 变 器 概 述

　　光伏逆变器在光伏发电系统中起着至关重要的作用，其主要功能为将光伏组件所发直流电变换成交流电，此外还承担着电网与负荷的交互配合控制等作用，是光伏发电系统与电网连接的关键接口装置。本章介绍了光伏逆变器的基本要求、工作原理和拓扑结构，按照不同的分类原则（电气隔离、电路结构以及与组件的匹配方式）阐述了光伏逆变器类型及特点，最后介绍了光伏逆变器关键功能参数的含义。

1.1　光伏逆变器基本原理

　　基于功率半导体和数字离散控制的电力电子逆变原理是光伏逆变器的理论基础，多数光伏发电系统中的实时运行参数监控和状态调节都交由光伏逆变器实现，光伏逆变器的性能对于整个光伏发电系统的效率、可靠性、寿命和全生命周期成本至关重要，本节从光伏逆变器基本要求、工作原理和拓扑结构三个方面进行介绍。

1.1.1　光伏逆变器基本要求

　　1. 高发电效率

　　为了最大限度地利用光伏电池以提升系统效率，提高光伏逆变器的效率就显得非常重要。光伏组件输出的电压、电流随着太阳辐照度和温度的变化而随时变化，这就需要实时控制光伏逆变器以保持光伏组件始终工作在最大功率点。最大功率点跟踪（maximum power point tracking，MPPT）控制是保证光伏发电系统高效率工作的重要环节；此外，在发电过程中，光伏逆变器的功率回路和控制电路也会消耗部分电能，选用合适的电路拓扑、控制方法和运行策略可以有效降低光伏逆变器本体损耗，提高电能转换效率，进而提高光伏逆变器发电效率。

　　2. 高可靠性

　　常规光伏发电系统中，光伏组件经过串并联后接入光伏逆变器，组件数量众多，如果部分光伏组件发生故障，其余光伏组件可降功率运行，切除该部分组件则可消除对系统的影响，因此组件故障对整个光伏发电系统的功率输出影响较小。当光伏逆变器发生故障时，由于其在整个光伏发电系统中处于关键环节，会直接影响整个光伏发电系统的功率输出，甚至导致系统停止运行，因此光伏逆变器的可靠性在光伏发电系统中尤为重要。

此外，光伏发电系统多建在边远地区，其中许多电站是无人值守的，这就对光伏逆变器的可靠性提出更高要求，其元器件必须经过严格的筛选，同时光伏逆变器应配备各种保护电路，例如交流输出短路保护电路、直流输入极性接反保护电路、过热保护电路、过载保护电路等。

光伏发电系统的设计运行寿命多在 20 年以上，其中光伏组件和电缆等无源部件均可达到设计寿命，而光伏逆变器中的功率器件、电解电容以及电气开关的寿命通常仅有 5～7 年，是系统寿命的短板，因此光伏逆变器的可靠性对系统整体运行至关重要。

3. 适应输入波动

太阳能资源具有较强的波动性和随机性，光伏组件的端口电压受太阳辐照度、环境温度以及光伏逆变器 MPPT 能力影响，光伏发电系统中直流电压波动可达几百伏，因此光伏逆变器需在较大直流输入范围内稳定运行，实时跟踪最大发电功率。

4. 并网安全

光伏逆变器并网时必须考虑并网发电的安全性，输出交流电的电能质量必须满足相关电网标准要求。在不同的并网场合，对于光伏逆变器的要求也不一样，如在分布式发电场合更为关注光伏发电系统的本体保护性能，通常需具备过/欠压保护、过/欠频保护和防孤岛保护等，要求在电网断开后不能出现孤岛运行工况；在集中式发电场合，更为关注光伏发电系统参与电网调节以及与电网协调运行，如在电网发生异常时光伏逆变器具备低电压穿越和高电压穿越功能，在电网频率和电能质量发生短时异常时能维持发电运行。

1.1.2 光伏逆变器工作原理

光伏逆变器功率电路的最基本元器件包括功率器件、电容和电感。操作人员可以通过有规则地控制功率器件高频开关，将直流电转换为高频的阶梯脉冲信号。常用的高频开关控制技术为电力电子脉冲宽度调制（pulse width modulation，PWM）技术，主流脉宽调制方法包括正弦脉宽调制（sinusoidal pulse width modulation，SPWM）法、空间矢量脉宽调制（space vector pulse width modulation，SVPWM）法、特定谐波消除脉宽调制（selective harmonic elimination pulse width modulation，SHEPWM）法和 Delta 调制法等，使靠近正弦波两端的电压宽度变狭，正弦波中央的电压宽度变宽，并在半周期内始终让功率器件按一定频率朝一个方向动作，这样形成一个类正弦波脉冲序列，最后波形经过简单的 LC 滤波器后变为正弦波，通过控制该正弦波可以实现对输出电流和功率的控制。本书重点介绍当前的主流脉宽调制方法，即 SVPWM 法。

SVPWM 法是基于空间矢量来实现调制波输出控制的一种方法。空间矢量脉宽调制技术的原理是从交流电机磁链分析的角度出发，基于控制交流电机中的磁链空间矢量轨迹逼近圆形的原理，根据交流电机模型对三相电压 U_a、U_b、U_c 进行分析，其满足

$$\begin{bmatrix} U_a \\ U_b \\ U_c \end{bmatrix} = U_m \begin{bmatrix} \cos\omega t \\ \cos\left(\omega t - \dfrac{2}{3}\pi\right) \\ \cos\left(\omega t + \dfrac{2}{3}\pi\right) \end{bmatrix} \qquad (1-1)$$

可定义电压空间矢量为

$$\boldsymbol{U}_s = \frac{2}{3}\left(U_a + U_b e^{j\cdot\frac{2}{3}\pi} + U_c e^{j\cdot\frac{-2}{3}\pi}\right) \qquad (1-2)$$

式中　U_m——电压幅值；

　　　ω——电压角频率。

电压空间矢量图如图 1-1 所示，设定 3 个空间上相差 120°的静止坐标轴，分别标注为 a、b、c 轴，其中 $\boldsymbol{U}_s$ 表示一个旋转电压空间矢量，其旋转角速度为 ω。实际的三相电压 U_a、U_b、U_c 可以视为旋转电压空间矢量 $\boldsymbol{U}_s$ 在 3 个静止的空间坐标轴 a、b、c 上的投影。

将三相静止坐标系转换为 α、β 坐标系，α 轴和静止坐标系的 a 相轴重合，α 轴滞后 β 轴 90°，如图 1-1 所示，三相对称正弦电压可等效地用空间矢量 $\boldsymbol{U}_s$ 在 α、β 轴上的投影 u_α、u_β 表示，空间矢量 $\boldsymbol{U}_s$ 在 α 和 β 坐标系下的公式为

$$\boldsymbol{U}_s = U_m(\cos\omega t + j\cdot\sin\omega t) = u_\alpha + j\cdot u_\beta \qquad (1-3)$$

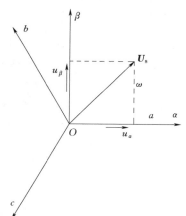

图 1-1　电压空间矢量图

使用与定义电压旋转空间矢量方法类似的方法定义交流电机中的定子电流旋转空间矢量 $\boldsymbol{i}_s$ 以及定子磁链旋转空间矢量 $\boldsymbol{\psi}_s$，其公式分别为

$$\boldsymbol{i}_s = \frac{2}{3}\left(i_a + i_b e^{j\cdot\frac{2}{3}\pi} + i_c e^{j\cdot\frac{-2}{3}\pi}\right) \qquad (1-4)$$

$$\boldsymbol{\psi}_s = \frac{2}{3}\left(\phi_a + \phi_b e^{j\cdot\frac{2}{3}\pi} + \phi_c e^{j\cdot\frac{-2}{3}\pi}\right) \qquad (1-5)$$

式中 i_a、i_b、i_c——电机对应的三相定子电流；

　　　ψ_a、ψ_b、ψ_c——电机对应的三相定子磁链。

　　故可以得到三相交流电机所对应的空间矢量，即

$$\boldsymbol{U}_s = \frac{\mathrm{d}\boldsymbol{\psi}_s}{\mathrm{d}t} + R_s\boldsymbol{i}_s \tag{1-6}$$

　　由于定子电阻 R_s 数值很小，通常可以忽略不计，可以将式（1-6）转化为

$$\boldsymbol{\psi}_s = \int \boldsymbol{u}_s \mathrm{d}t + \boldsymbol{\psi}_{s0} \tag{1-7}$$

式中 $\boldsymbol{\psi}_{s0}$——磁链初值。

　　由式（1-7）可知定子中的旋转磁链空间矢量 $\boldsymbol{\psi}_s$ 在空间中旋转产生相应的旋转电压空间矢量 $\boldsymbol{U}_s$。因此可知，通过对旋转磁链空间矢量进行相应的控制可以实现对电压 $\boldsymbol{U}_s$ 的控制，即为电压空间矢量的脉宽调制。

　　典型的三相光伏逆变器主电路如图1-2所示。根据分析的需要做出规定：状态"1"表示三相逆变电路中的上桥臂导通而下桥臂关断；状态"0"表示三相逆变电路中的上桥臂关断而下桥臂导通。比如，当 b、c 相下桥臂导通，a 相上桥臂导通时开关状态可记为（100），这时 $U_a = U_d$，U_d 为直流母线电压，$U_b = U_c = 0$，把它们代入式（1-2）中，可以得到此时的电压空间矢量 $\boldsymbol{U}_s$ 的空间位置是 e^{j0}，幅值是 $2U_d/3$。同理可知，在三相逆变电路中总共有8种状态，分别为：000、001、010、011、100、101、110、111，分别对应于8种基本输出，三相逆变电路的开关状态与基本电压矢量见表1-1。$\boldsymbol{U}_0$、$\boldsymbol{U}_7$ 被称为零矢量，这是由于其输出电压为零。$\boldsymbol{U}_1 \sim \boldsymbol{U}_6$ 6个非零矢量幅值都是 $2U_d/3$，整个空间被分割为6部分，也就是说相应的6个状态分别对应于6个空间上相差60°的参考坐标轴。基本电压空间矢量图如图1-3所示。根据图1-3可知6个非零的基本空间矢量将整个空间划分为6个相等的扇区，同时可知，对应的2个零矢量在原点 O 处。

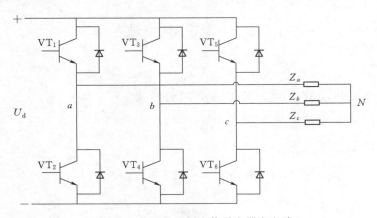

图1-2　典型的三相光伏逆变器主电路

表 1－1　　　　　　　　　　三相逆变电路的开关状态与基本电压矢量

各相桥臂开关状态	000	100	110	010	011	001	101	111
基本电压矢量	U_0	U_1	U_2	U_3	U_4	U_5	U_6	U_7
空间位置		$e^{j \cdot 0}$	$e^{j \cdot \frac{1}{3}\pi}$	$e^{j \cdot \frac{2}{3}\pi}$	$e^{j \cdot \pi}$	$e^{j \cdot \frac{4}{3}\pi}$	$e^{j \cdot \frac{5}{3}\pi}$	

通过上述分析可以得出，光伏逆变器的输出是使用基本空间矢量的不同组合得到的，因此所得到的输出只能为一组离散的矢量，并不能得到所需要的理想输出电压矢量。根据面积等效原则，可以通过控制相应空间矢量的时间参数来实现输出给定的电压矢量。在图 1－3 中，对于一个给定的电压矢量 U_r，将其分解为相邻两个坐标轴的基本矢量按比例叠加（同时考虑加入零矢量进行控制），例如 U_r 处于第一扇区，将其做相应的分解，分解为 U_1、U_2 上

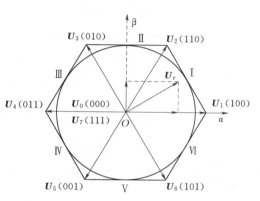

图 1－3　基本电压空间矢量图

的分量。具体实现见 SVPWM 输出电压矢量的七段式组合（表 1－2），通常这种分解方法被称为"七段式组合"。

表 1－2　　　　　　　　　　SVPWM 输出电压矢量的七段式组合

U_r 所在扇区	SVPWM 的七段式组合	U_r 所在扇区	SVPWM 的七段式组合
Ⅰ	$U_0 U_1 U_2 U_7 U_2 U_1 U_0$	Ⅳ	$U_0 U_5 U_4 U_7 U_4 U_5 U_0$
Ⅱ	$U_0 U_3 U_2 U_7 U_2 U_3 U_0$	Ⅴ	$U_0 U_5 U_6 U_7 U_6 U_5 U_0$
Ⅲ	$U_0 U_3 U_4 U_7 U_4 U_3 U_0$	Ⅵ	$U_0 U_1 U_6 U_7 U_6 U_1 U_0$

以第Ⅰ扇区的 U_r 矢量为例，在七段式组合工作方式下，分别设定在半个工作周期内 U_0 矢量的作用时间为 $0.5T_0$、U_1 矢量的作用时间为 T_1、U_2 矢量的作用时间为 T_2、半个周期内其余的时间均为 U_7 矢量作用。等效过程中需要满足定子磁链的作用在等效前后相同，即需要满足

$$\int_0^{\frac{T_s}{2}} U_r \mathrm{d}t = \int_0^{\frac{T_0}{2}} U_0 \mathrm{d}t + \int_{\frac{T_0}{2}}^{\frac{T_0}{2}+T_1} U_1 \mathrm{d}t + \int_{\frac{T_0}{2}+T_1}^{\frac{T_0}{2}+T_1+T_2} U_2 \mathrm{d}t + \int_{\frac{T_0}{2}+T_1+T_2}^{\frac{T_s}{2}} U_7 \mathrm{d}t \qquad (1-8)$$

SVPWM 在逆变过程对直流电压的利用率可达到 100%，SVPWM 调制技术具有直流电压利用率高、谐波含量低等优点，SVPWM 技术在三相光伏逆变器产品中得到了广泛应用。

1.1.3 光伏逆变器拓扑结构

光伏逆变器的核心为逆变电路，当前光伏发电系统中应用的光伏逆变器型号多种多样，根据功率等级、性能参数和使用场合，不同型号规格的光伏逆变器所选用的功率回路拓扑结构也不尽相同，本节按照适用功率容量从小到大重点介绍常见的单相和三相光伏逆变器电路拓扑结构。

1. 单相全桥式拓扑结构

单相全桥式拓扑结构如图 1-4 所示，此类结构的前级和后级分别为全桥 DC/DC 变换器和全桥逆变器，全桥式拓扑结构的功率可达几千瓦，常用于小型光伏逆变器。此种结构具有效率高、体积小、重量轻及不需要工频变压器隔离等特点。

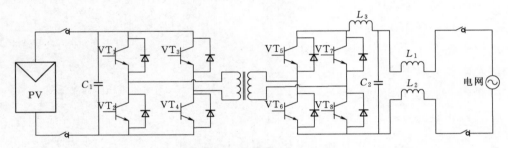

图 1-4 单相全桥式拓扑结构

2. 单相反激式拓扑结构

此类结构的前级和后级分别为反激式 DC/DC 变换器和全桥逆变器，反激式拓扑结构的功率较小，通常只有几百瓦，常用于微型光伏逆变器；其交流输出的电压峰值要高于电网的峰值电压，以保障电路运行在连续工作模式（continuous conduction mode，CCM），降低电路损耗，提高效率。单相反激式拓扑结构如图 1-5 所示。

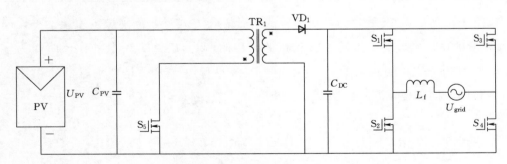

图 1-5 单相反激式拓扑结构

3. 单相推挽式拓扑结构

与反激式拓扑结构相比，推挽式拓扑结构的隔离变压器铁芯利用率更高，具有更高的功率密度，但不易实现软开关控制，也常用于几百瓦的光伏微型逆变器，单相推挽式拓扑结构如图1-6所示。

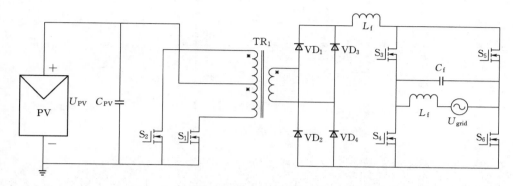

图1-6　单相推挽式拓扑结构

4. 串联谐振式拓扑结构

该结构具有完整的全桥逆变功能和LC谐振功能，可实现软开关，与前三类拓扑结构相比大大提高了效率，串联谐振式拓扑结构如图1-7所示。

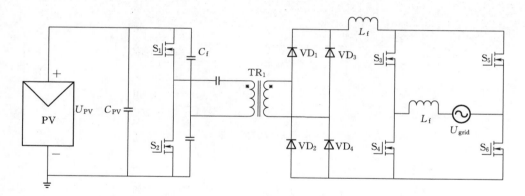

图1-7　串联谐振式拓扑结构

5. 单相全桥式拓扑带Boost升压结构

单相全桥式拓扑带Boost升压结构如图1-8所示，并网逆变电路前级使用Boost电路进行升压，同时对光伏组串出力进行MPPT，后级采用单相全桥逆变电路，此种拓扑常见功率等级不超过5kW。增加前级升压电路大大扩展了光伏逆变器的直流输入运行范围，光伏逆变器可在光照较弱时工作，增加了光伏系统的发电时间，但升压电路也增加了光伏逆变器的成本。单相逆变电路较为适用小功率场合，为改善多光伏组串并联接入的MPPT问题，可使用多路独立Boost升压共直流母线结构，以降低对电路元件的容量要求。

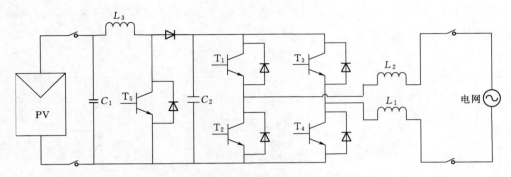

图 1-8　单相全桥拓扑带 Boost 升压结构

6. 三相两电平全桥式拓扑带 Boost 升压结构

三相两电平全桥式拓扑带 Boost 升压结构常用于功率较大的光伏逆变器，采用两级式结构，如图 1-9 所示，前级 Boost 升压兼具 MPPT 功能，可实现对光伏组串的 MPPT，容量通常为 5kW 以上，最大可达 200kW。

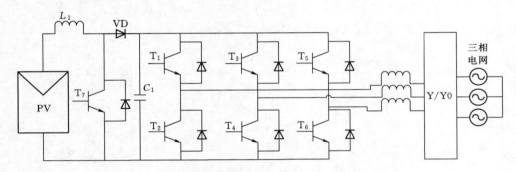

图 1-9　三相两电平全桥式拓扑带 Boost 升压结构

7. 三相两电平全桥式拓扑结构

三相两电平全桥式拓扑结构常用于大功率光伏逆变器，主流规格型号为 500kW 及以上，其结构如图 1-10 所示。由于其使用单级式结构，为提高直流电压的利用率，交流电压峰值应低于直流电压值。

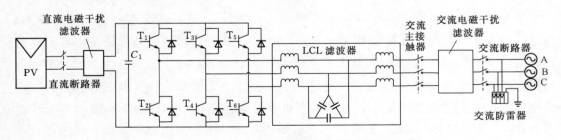

图 1-10　三相两电平全桥式拓扑结构

8. 三相三电平拓扑结构

三相三电平拓扑结构逆变电路的输出线电压有 $\pm U_d$、$\pm U_{d/2}$ 和 0 五种电平。通过输出更多种电平，可以使其波形更接近正弦波，三相三电平拓扑结构具有功率器件电压应力小、输出电压谐波含量小、du/dt 小及电磁辐射小等优点，适用于高压大功率场合，目前已广泛应用于大功率光伏逆变器，三相三电平拓扑结构如图 1-11 所示。

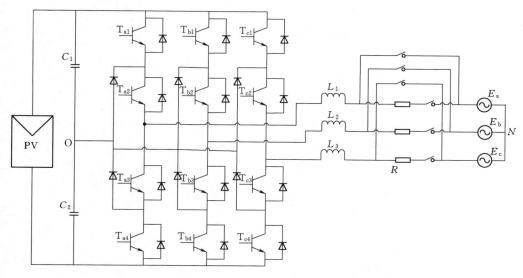

图 1-11 三相三电平拓扑结构

1.2 光伏逆变器类型及特点

光伏逆变器分类方法较多，根据光伏逆变器输出交流电压的相数可分为单相光伏逆变器和三相光伏逆变器，根据逆变器是否并网可分为并网光伏逆变器和离网光伏逆变器。上述两种分类通俗易懂，本书中不做详细介绍。根据功率回路电气隔离与否可分为隔离型光伏逆变器与非隔离型光伏逆变器，根据内部电路结构可分为单级式逆变器和多级式逆变器，根据光伏逆变器与光伏组件的匹配关系可分为集中式逆变器、组串式逆变器、集散式逆变器和微型逆变器。

1.2.1 按电气隔离分类

在光伏逆变器回路拓扑中增加电气隔离，可以避免人在接触光伏组件时，与电网产生电流回路，提高系统安全性。工频变压器具有隔绝直流成分的作用，有效降低了光伏逆变器输出电流的直流分量，防止后级配电变压器的饱和，变压器还可以通过绕组变比的调整拓宽光伏逆变器直流电压的输入范围，但增加变压器会导致系统损耗和成本增加。目前，使用隔离型和非隔离型拓扑的光伏逆变器在市场均占有一席之地。

1. 工频隔离型拓扑的光伏逆变器

带工频变压器的光伏逆变器先通过 DC/AC 变换，将光伏电池的直流电能转化为交流电能，然后通过工频变压器和电网连接，来实现电网和电池板的电气隔离，保障人身安全，同时可以进行电压匹配和实现并网电流直流分量抑制。带工频变压器的光伏并网逆变器如图 1-12 所示。但是，低频变压器增加了系统体积、重量和成本，降低了变换效率。带工频隔离的光伏逆变器一般应用于大功率或较大功率的三相和单相系统，效率一般为 94%～96%。

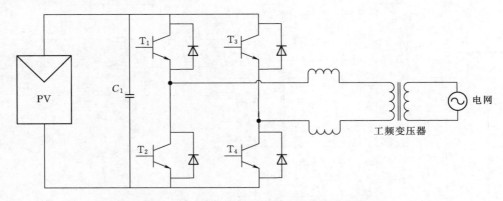

图 1-12 带工频变压器的光伏并网逆变器

使用工频变压器进行电压变换和电气隔离的优点是结构简单、可靠性高、抗冲击性能好、安全性能良好、直流侧 MPPT 电压上下限比值一般在 3 倍以内；缺点是系统效率相对较低且系统笨重。

2. 高频隔离型拓扑的光伏逆变器

工频隔离变压器的体积、重量和成本等方面的劣势限制了其在中小功率光伏逆变器中的应用，通过在 DC/AC 变换环节中插入高频隔离变压器同样可以实现电网与电池板的电气隔离和电压匹配，同时可以大幅降低变压器的体积、重量和成本。根据高频变压器与变换环节的组合方式不同可以分为含直流环节的变换结构、含伪直流环节的变换结构和无直流环节的变换结构，带高频变压器的单相光伏逆变器如图 1-13 所示。

配置高频隔离变压器极大地丰富了中小功率光伏逆变器的拓扑结构，该拓扑结构的优点是：同时具有电气隔离且重量轻，广泛应用于家庭单相光伏并网场合，同时也使得系统变换环节更复杂；系统效率受到的影响变低，一般为 90%～95%。该拓扑结构的缺点是：由于隔离 DC/AC/DC 的功率等级一般较小，因此这种拓扑结构集中在 2kW 以下；高频 DC/AC/DC 的工作频率较高，一般为几十千赫兹或更高，系统的电磁兼容比较难设计；系统的抗冲击性能差。

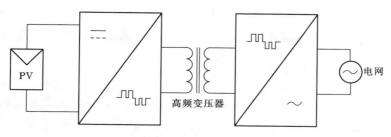

图 1-13　带高频变压器的单相光伏逆变器

3. 非隔离型拓扑的光伏逆变器

非隔离型并网逆变器（transformerless grid-connected inverter，TLGCI）功率回路中不含高频或低频变压器，其优点为功率变换效率高、体积、重量和成本低等，且配备工频升压变压器后可直接等效为工频隔离性逆变器，广泛应用于中压并网场合。目前，业界普遍使用非隔离型光伏逆变器，非隔离型系统最高变换效率可达到 99%。该拓扑结构的缺点是由于不具备电气隔离，安全性偏差，设计和使用时需额外注意漏电流和电气安全。

1.2.2　按电路结构分类

光伏逆变器按电路结构可分为单级式和两级式两种，如图 1-14 所示。单级式光伏逆变器只有在光伏电池串电压高于电网峰值电压时才能进行正常逆变工作，因此单级式光伏逆变器运行范围较窄，但由于电路拓扑结构简单，因此电能转换效率更高，业界最高可达 99%，目前常规的集中式光伏逆变器均使用单级式结构；两级式结构多使用一级 DC/DC 升压变换电路和常规逆变电路联合运行，由于使用了升压电路，光伏逆变器输入电压范围更宽，两级式电路也有利于系统分级优化和控制，如 DC/DC

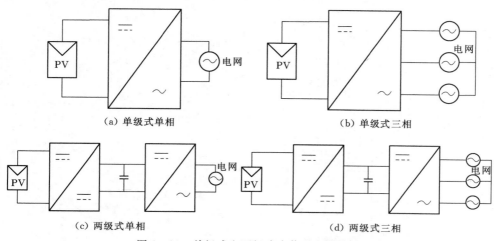

（a）单级式单相　　　　　　　　　　　　　（b）单级式三相

（c）两级式单相　　　　　　　　　　　　　（d）两级式三相

图 1-14　单级式和两级式光伏逆变器结构

电路用于 MPPT 跟踪，DC/AC 电路用于逆变控制。目前常规的组串式和集散式光伏逆变器均使用两级式结构，主要区别在于两级电路是否在一个装置内实现。

1.2.3　按逆变器和组件匹配方式分类

当前主流的光伏组件功率为几百瓦，光伏组件通过串并联实现与光伏逆变器运行参数（直流输入电压和电流）的匹配。光伏组件串联后形成光伏组串，多个光伏组串经汇流箱汇集后形成光伏阵列，按照光伏逆变器的匹配方式，可分为集中式光伏逆变器、组串式光伏逆变器、集散式光伏逆变器和微型逆变器。

1. 集中式光伏逆变器

集中式光伏逆变器是大型光伏发电系统中最常用的光伏逆变器，一般用于兆瓦级以上的并网光伏发电站。其优点为单体功率大，一定容量的光伏发电站所需的集中式逆变器数量比其他类型逆变器数量少，光伏逆变器管理和运维成本低；电能质量高，谐波含量少，具备完善的功率调节和高/低电压穿越功能。其缺点在于最大功率点跟踪电压范围较窄，不能监控到每一路组件的运行情况，因此无法使每一路组件都处于最佳工作点，组件配置不够灵活。

目前主流的集中式光伏逆变器功率等级已由 500kW 逐步提升到 1MW、1.25MW 以及 1.56MW，1000V 以下直流系统工作电压一般为 450～820V，1500V 直流系统工作电压一般为 800～1300V，集中式光伏逆变器主要用于大型集中式光伏发电站。集中式光伏逆变器的典型应用系统结构图如图 1-15 所示，以 500kW 光伏逆变器为例，两台 500kW 集中式光伏逆变器交流输出端并联后经升压变压器并网。集中式光伏逆变器采用的拓扑结构主要包括三相全桥结构、共直流母线多功率模块并联结构以及多路隔离输入的多模块并联结构。

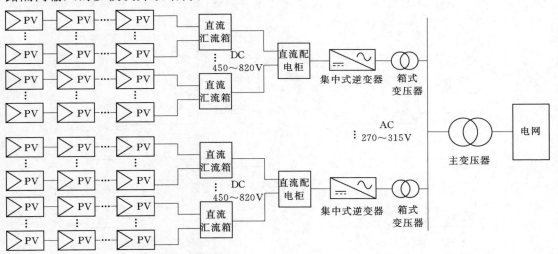

图 1-15　集中式光伏逆变器的典型应用系统结构图

2. 组串式光伏逆变器

在光伏发电发展初期，光伏组件价格较高，因此光伏发电站装机容量较小，通常采用几块光伏组件组成一个光伏组串，其功率通常为几百瓦至上千瓦，直接接入单相逆变器，这即是最早的组串式光伏逆变器。经过多年的发展，如今的组串式光伏逆变器可以直接与组串连接，无须汇流，光伏逆变器可为单相或三相，功率在几千瓦至几百千瓦不等，应用于集中式光伏发电站的组串式光伏逆变器功率可达几百千瓦；输出交流电压范围多为 380～600V，最高可达 800V；光伏逆变器内可实现多路组串的最大功率点跟踪，能够适应复杂环境应用需求。组串式光伏逆变器典型应用系统结构图如图 1-16 所示。

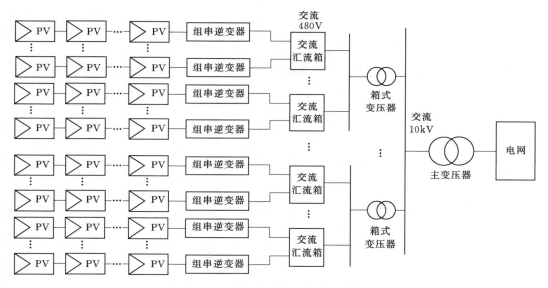

图 1-16 组串式光伏逆变器典型应用系统结构图

组串式光伏逆变器的优点在于其不受组串间模块差异和阴影遮挡的影响，减少了光伏组件最佳工作点与光伏逆变器不匹配的情况，最大程度增加了发电量。其缺点在于光伏逆变器数量多，总故障率会升高，系统监控难度大，成本较集中式光伏逆变器高。

组串式光伏逆变器主要使用二极管钳位型和飞跨电容型等多电平电路拓扑结构，功率电路大多为两级式结构，直流侧通常采用多支路 MPPT 模块，以防止光伏组串由于不一致性或阴影遮挡引起阵列输出功率下降导致光伏系统效率降低。典型组串式光伏逆变器内部电路结构图如图 1-17 所示。

3. 集散式光伏逆变器

集散式光伏逆变器通过结合集中式大功率光伏逆变器集中逆变和组串式小功率光伏逆变器多支路 MPPT 两种技术的优势，将逆变单元、光伏多支路 MPPT 器进行一

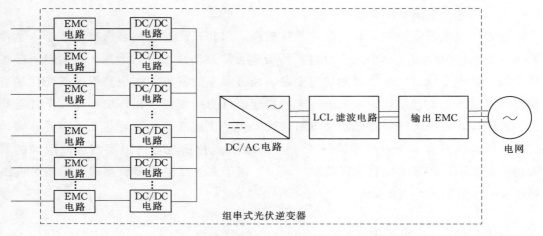

图 1-17　典型组串式光伏逆变器内部电路结构图

体化集成，从而节省系统建造成本，提高系统发电效率，典型集散式光伏逆变器光伏发电站系统结构如图 1-18 所示。

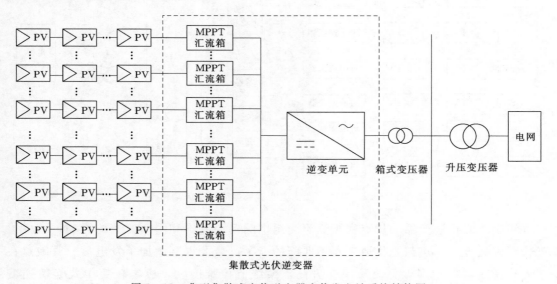

图 1-18　典型集散式光伏逆变器光伏发电站系统结构图

　　集散式光伏逆变器的典型系统结构主要包括光伏最大功率点控制器和逆变单元。其中，逆变单元与传统集中式光伏逆变器的拓扑结构及工作原理相同，一般也是以 1MW 为一个发电单元，通过 2 个 500kW 逆变单元模块将光伏阵列输出的直流逆变为交流，经 1 台 1000kVA 的箱式变压器升压后并入电网。集散式光伏逆变器主要的改进之处为在逆变单元的直流侧，以光伏最大功率点控制器替代汇流箱，实现每 2～4 路光伏组串对应 1 路最大功率点跟踪，各最大功率点跟踪器均独立实现最大功率点跟踪功能，可有效降低遮挡、灰尘、组串失配的影响，提高系统发电量。光伏最大功率点控制器主要包括滤波和检测电路、DC/DC功率模块和控制模块三个部分，首先光伏阵列接入滤波和检测电路，将检测到的直流电压、电流信号传输至控制模块；然后控制模块根据检测信号对DC/DC功率模块发出脉冲控制信号，调整各DC/DC功率模块的功率输出曲线，实现最大功率点跟踪。集散式方案通常将直流母线电压稳定在较高值，有效降低直流电输送环节损耗和电缆成本，同时有利于后级逆变环节的效率定点优化。

4. 微型光伏逆变器

多数光伏发电系统以光伏组串作为最小直流单元，每一路光伏组串由10块左右光伏电池串联构成，若某一光伏电池不能良好工作，整串都会受到影响。在实际应用中，云层、树木、建筑物、动物、灰尘、冰雪等造成的遮挡都会引起上述问题，情况非常普遍。微型光伏逆变器的原理是为每块电池配备独立的逆变环节，不同的电池之间没有匹配的问题，当某一光伏电池不能良好工作时，只有该块受到影响，其他电池都将在最佳工作状态运行，使得系统总体效率更高，发电量更大。配置的微型光伏逆变器的光伏组件又称为交流组件，其优点是发电量高、几乎不受阴影和云层遮挡影响，维护便利；缺点是成本较高，微型逆变器的集中控制性能差，不适用于大型光伏发电系统。典型微型光伏逆变器系统结构如图1-19所示。

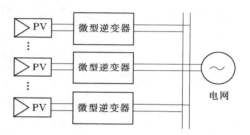

图1-19 典型微型光伏逆变器系统结构图

1.3 光伏逆变器关键功能参数

光伏逆变器的关键功能参数，描述了其可应用的电网环境、自然条件以及自身的安全和控制性能等关键信息，包括涉及可接入电网的交流侧参数、与光伏阵列匹配的相关直流侧参数以及自身应用环境和安全性能类的系统特性参数等。在光伏发电系统的设计、建设和运维等各个环节中，光伏逆变器的关键功能参数都是重要的数据基础。

1.3.1 交流侧参数

光伏发电系统由光伏逆变器的交流侧接入电网运行，光伏逆变器交流侧参数决定了其可以应用的基础电网环境，涉及与电网的交互。交流侧参数包括可适应的电网电压和频率范围，注入的有功功率、注入无功功率和谐波范围等。具体参数如下：

（1）额定网侧参数，包括额定并网电压、额定频率、额定电流和额定功率。额定网侧参数是光伏逆变器设计时的标称参数，在此参数下光伏逆变器内各部件处于最佳运行状态，是光伏逆变器长期工作的最佳参数。

（2）最大输出功率/电流，一般指在不损坏光伏逆变器情况下的最大过载/过流能力，通常其数值为额定功率/电流的 1.1～1.3 倍。

（3）功率因数范围，是指光伏逆变器无功输出的能力范围，并要求其在该范围内连续可调，目前大多数光伏逆变器的功率因数范围为超前 0.8～滞后 0.8，如光伏逆变器可在额定有功功率输出工况下实现该运行范围，则光逆逆变器的无功输出范围为0～0.75 倍额定功率的容性无功和 0～0.75 倍额定功率的感性无功。目前国内标准［如《光伏发电并网逆变器技术要求》（GB/T 37408—2019）和《光伏并网逆变器技术规范》（NB/T 32004—2018）等］一般要求在全功率范围内无功功率的输出范围为0.48 倍额定功率的容性无功到 0.48 倍额定功率的感性无功，并可调。

（4）电流谐波总畸变率，是指光伏逆变器输出总谐波电流有效值与基波电流有效值的比值，目前国内标准（以 GB/T 37408—2019 为主的一系列技术要求）一般要求该值不大于 5%。谐波使电能的生产、传输和利用的效率降低，使电气设备过热、产生振动和噪声，加速部件绝缘老化，缩短使用寿命，甚至发生故障或烧毁；谐波可引起电力系统局部串并联谐振，使谐波含量放大，造成电容器等设备烧毁；谐波还会引起继电保护和自动装置误动作，使电能计量出现混乱；在电力系统外部，谐波对通信设备和电子设备会产生严重干扰。

（5）允许网侧电压/频率波动范围，是指光伏逆变器能正常工作的网侧电压/频率波动范围，直接决定了光伏逆变器适应电网电压/频率波动的能力。目前国内标准（以 GB/T 37408—2019 为主的一系列技术要求）一般要求该电压范围为$(0.9～1.1)U_n$，在此范围内光伏逆变器正常运行，超过此范围的要求参照故障穿越相关标准。频率在 46.5～48.5Hz 和 50.5～51.5Hz 范围内根据不同的频率段规定了光伏逆变器的最小运行时间，频率为 48.5～50.5Hz 时光伏逆变器必须持续运行，小于46.5Hz 和大于 51.5Hz 的情况不做要求，按照光伏逆变器性能自行决定。现在大多数光伏逆变器的电压范围为$(0.8～1.5)U_n$，频率范围为 45～55Hz，且这两个范围都可设置。

1.3.2 直流侧参数

光伏逆变器直流侧直接连接至光伏组串（组串式光伏逆变器）或由汇流箱汇集而成的光伏阵列（集中式或者集散式光伏逆变器），直流侧参数决定了光伏逆变器可接入光伏组串或阵列的规格。具体参数叙述如下：

（1）直流母线启动电压，是指光伏逆变器能启动运行的最低直流母线电压，该参数的含义是早晨随着太阳的升起光伏组串或者阵列的开路电压达到该值时，光伏逆变器启动运行。

（2）最低直流母线电压，也称为直流母线停机电压，是指光伏逆变器停止工作的直流母线电压，该参数的含义是随着太阳辐照度降低，光伏组串或者阵列的开路电压降到该值时，光伏逆变器停止运行。

（3）最高直流母线电压，是指光伏逆变器允许运行的最高直流母线电压，当光伏逆变器持续检测到的直流母线电压超过该值时，光伏逆变器停止工作或不得启动。目前国内1000V光伏发电系统所用光伏逆变器的最高直流母线电压值一般为1100V，1500V光伏发电系统所用光伏逆变器的最高直流母线电压值一般为1500V。

（4）满载MPPT电压范围，是指满足光伏逆变器满载输出的光伏阵列最大功率点电压范围，即光伏阵列最大功率点电压在此范围内光伏逆变器可输出额定功率。目前国内1000V光伏系统用光伏逆变器的该范围一般为600~850V，1500V光伏系统用光伏逆变器的该范围一般为850~1300V。

（5）最大输入电流，是指光伏逆变器可输入的最大直流电流，该数值决定了光伏逆变器每路直流输入可并联的光伏组串数目。

1.3.3 系统特性参数

（1）整机最高效率，是指光伏逆变器工作时可达到的最高转换效率（交流输出功率比直流输入功率），通常该值出现在光伏逆变器轻载范围。

（2）中国效率/欧洲效率，光伏逆变器在不同输入电压下反映中国/欧洲日照资源特征加权总效率的平均值称为平均加权总效率，该部分内容在第3章中详细介绍。

（3）开关频率，高开关频率是电力电子装置发展的趋势，开关频率越高，所用磁元件、电容等的规格就越小，装置的体积和成本都会降低。

（4）运行自耗电，是指光伏逆变器处于正常运行状态下的损耗，包含主功率元器件损耗以及装置的辅助电路耗电，如风扇、控制回路等。

（5）待机自耗电，是指光伏逆变器处于待机状态下的全部损耗，包括主功率回路和辅助电路损耗。

（6）运行环境温度/相对湿度范围，是指使光伏逆变器能长时间处于额定工作状态下的环境温度/相对湿度范围。

（7）满载工作最高海拔，是指使光伏逆变器能长时间处于额定工作状态下的最高海拔，如果超过此海拔需按厂家的指导降额运行。

（8）整机防护等级，一般是指光伏逆变器柜体具备的防尘和防水等级，用于光伏逆变器内部件的防护。

（9）整机重量及尺寸，是指光伏逆变器整机的重量和外观尺寸。该参数对于光伏逆变器的安装运输极为重要。

（10）人机交互和通信，是指用户与光伏逆变器间进行信息指令交互的操作界面和远程通信方式。人机交互界面通常为按键式和触屏式，通信方式包括以太网、GBIP、485 串口等。

（11）冷却方式，是指光伏逆变器为控制内部部件运行环境所采用的散热手段，一般有自然冷却、风冷和液冷。

（12）保护功能，是指光伏逆变器为了保证自身设备安全而采取的保护手段，一般包括短路保护、过欠压保护、过欠频保护、过热保护、防孤岛保护、极性反接保护、残余电流保护等，光伏逆变器在检测出异常后能快速启动保护机制，在一定时间内停机。

（13）电磁兼容性能，包括电磁抗扰度性能和电磁发射性能，主要是要求光伏逆变器能承受一定的外部电磁干扰，同时光伏逆变器运行时对外部的电磁干扰需控制在一定范围内，一般包括静电放电抗扰度、电快速瞬变脉冲群抗扰度、射频电磁场辐射抗扰度、浪涌抗扰度、射频场感应的传导骚扰抗扰度、工频电磁场抗扰度、传导发射和辐射发射等。

参考文献

［1］ LUQUE A，HEGEDUS S. Handbook of photovoltaic science and engineering ［M］. 2nd Edition. West Sussex：John Wiley & Sons Ltd. 2003.

［2］ 李钟实. 太阳能光伏组件生产制造工程技术 ［M］. 北京：人民邮电出版社，2012.

［3］ 蒋华庆，贺广零，兰云鹏. 光伏电站设计技术 ［M］. 北京：中国电力出版社，2014.

［4］ 张兴，曹仁贤. 太阳能光伏并网发电及其逆变控制 ［M］. 北京：机械工业出版社，2018.

［5］ 李练兵. 光伏发电并网逆变技术 ［M］. 北京：化学工业出版社，2016.

［6］ 陈坚. 电力电子学——电力电子变换和控制技术 ［M］. 2 版. 北京：高等教育出版社，2002.

［7］ 王兆安，黄俊. 电力电子技术 ［M］. 4 版. 北京：机械工业出版社，2000.

［8］ 李勋，朱鹏程，杨荫福，陈坚. 基于双环控制的三相 SVPWM 逆变器研究 ［J］. 电力电子技术，2003，37（15）：30－32.

［9］ 陈奇栓，甄玉杰，刘廷丽，赵志骏. SPWM 与 SVPWM 在感应电动机变频调速系统中的比较研究 ［J］. 微电机，2007，40（5）：59－62.

［10］ 张坤，电压空间矢量脉宽调制原理及其在 DSP 上的实现 ［J］. 光电技术应用，2008，23（1）：65－69.

［11］ 过亮. 独立/并网双模式逆变器控制技术研究 ［D］. 南京：南京航空航天大学，2008.

［12］ 郭巍. 并网型太阳能光伏发电系统设计与电网影响研究 ［D］. 天津：天津大学，2010.

［13］ 魏星. 基于 LCL 滤波器的三相并网逆变器的研究 ［D］. 南京：南京航空航天大学，2011.

［14］ Wu K H，Sun W，Wang J，et al. Design of the Three－Phase Photovoltaic Grid－Connected Inverter ［J］. Advanced Materials Research，2014，986－987：1938－1941.

［15］ Meng W，Meng L，Chen C Z. Design and Control Scheme of Three－Phase Photovoltaic Grid－Connected Inverter ［J］. Advanced Materials Research，2013，850－851：445－448.

［16］ 安海云. 光伏并网发电系统中最大功率跟踪控制方法的研究 ［D］. 天津：天津大学，2007.

［17］ 王大伟. 3kW 中功率光伏逆变器的研制 ［D］. 天津：天津大学，2008.

［18］ 马琳，孙凯，Remus Teodorescu，等. 高效率中点钳位型光伏逆变器拓扑比较 ［J］. 电工技术学

报，2011，26（002）：108 – 114.

[19] Tsengenes G，Nathenas T，Adamidis G. A three – level space vector modulated grid connected inverter with control scheme based on instantaneous power theory [J]. Simulation Modelling Practice & Theory，2012，25（none）：134 – 147.

[20] 定明芳，刘昌玉. 基于 DSP 的数字化 SVPWM 三相逆变器闭环系统 [J]. 电力自动化设备，2006，26（12）：41 – 44.

[21] 刘飞. 三相并网光伏发电系统的运行控制策略 [D]. 武汉：华中科技大学，2008.

[22] 裴敏. 基于同步旋转坐标变换的三相软件锁相环设计 [J]. 甘肃科技，2008，24（21）：116 – 119，63.

[23] 张敏，江博，杨磊，秦伟祥. 基于 SVPWM 的新型光伏并网逆变器的研究 [J]. 电气技术，2010，9：36 – 39.

[24] YI Lingzhi，HE Sufen，WANG Genping. PENG Hanmei，ZOU Xiao. Control of three – phase photovoltaic grid – connected inverter based on line current decoupling [J]. Control Engineering China，2011，17（11）：46 – 50.

[25] Wu H，Tao X，Ding M. Simulation of photovoltaic grid – connected generation system with maximum power point tracking and voltage control strategy [J]. Transactions of the Chinese Society of Agricultural Engineering，2010，26（5）：267 – 271.

[26] Myrzik J M A，Calais M. String and module integrated inverters for single – phase grid connected photovoltaic systems – a review [C] //Proceedings of IEEE Bologna Power Tech Conference，2003.

[27] Sriram V B，SenGupta S，Patra A. Indirect current control of a single phase voltage sourced boost type bridge converter operated in the rectifier mode [J]. IEEE Transactions on Power Electronics，2003，18（5）：1130 – 1137.

[28] 吴国祥，陈国呈，李杰，等. 三相 PWM 整流器幅相控制策略 [J]. 上海大学学报，2008，14（2）：130 – 135.

[29] 张纯江，顾和荣，王宝诚，等. 基于新型相位幅值控制的三相 PWM 整流器数学模型 [J]. 中国电机工程学报. 2003，23（7）：28 – 31.

[30] 张颖超，赵争鸣，鲁挺，等. 固定开关频率三电平 PWM 整流器直接功率控制. 电工技术学报 [J]. 2008，23（6）：72 – 76，82.

[31] Hyosung Kim，Taesik Yu，Sewan Choi. Indirect current control algorithm forutility interactive inverters in distributed generation systems [J]. IEEE Transactions on Power Electronics. 2008，23（3）：1342 – 1347.

[32] Ambrozic V，Fiser D R. Nedeljkovic D. Direct current control A new current regulation principle [J]. IEEE Transactions on Power Electronics. 2003，18（2）：495 – 503.

[33] Serpa L A，Round S D，Kolar J W. A virtual – flux decoupling hysteresis current controller for mains connected inverter systems [J]. IEEE Transactions on Power Electronics. 2007，22（5）：1766 – 1777.

[34] Aurtenechea S，Rodríguez M A，Oyarbide E，et al. Predictive Control Strategy for DC/AC Converters Based on Direct Power Control [J]. IEEE on Industrial Electronics，2007，54（6）：1261 – 1271.

[35] Zhu H B，Arnet B，Haines L，et al. Grid synchronization control without AC voltage sensors [C] //APEC 2003：Eighteenth Annual IEEE Applied Power Electronics Conference and Exposition，2003.

[36] Bo Yin，Ramesh Oruganti，Sanjib Kumar Danda，et al. An output power control strategy for a three phase PWM rectifier under unbalanced supply conditions [J]. IEEE Transactions on Industrial Elec-

tronics. 2008，55（5）：2140 - 2151.

[37] Malinowski M，Kazmierkowski M P，Hansen S，et al. Virtual flux based direct power control of three phase PWM rectifiers [J]. IEEE Transactions on Industrial Electronics. 2001，37（7）：1019 - 1027.

[38] Aurtenechea S，Rodríguez M A，Oyarbide E，et al. Predictive Control Strategy for DC/AC Converters Based on Direct Power Control [J]. IEEE Transactions on Industrial Electronics，2007，54（6）：1261 - 1271.

[39] Larrinaga S A，Vidal M A R，Oyarbide E，et al. Predictive Control Strategy for DC/AC Converters Based on Direct Power Control [J]. IEEE Transactions on Industrial Electronics，2007，54（3）：1261 - 1271.

[40] Antoniewicz P，Kazmierkowski M P，Jasinski M. Comparative study of two Direct Power Control algorithms for AC/DC converters [C] // IEEE Region 8 International Conference on Computational Technologies in Electrical & Electronics Engineering. IEEE，2008.

第 2 章

光伏逆变器并网技术

近年来随着特高压直流输电工程建设、风电和光伏等新能源大量并网，电力一次系统正经历从交流电网向交直流混联、电力电子化电网转换的历史性变革。光伏发电从"无足轻重"发展为"举足轻重"。在可靠地提供清洁能源的同时，并网光伏发电站应分担电网稳定可靠运行的任务，光伏发电中的核心部件光伏逆变器需从功率控制、电网适应性、电能质量、故障穿越能力和防孤岛保护多个方面对硬件及控制策略进行不断改进和持续优化，以保障电网稳定可靠运行。本章结合国内外相关标准和电网管理规定要求，分析了光伏逆变器控制关键指标，阐述了光伏逆变器实现相关指标的主要控制技术。

2.1 光伏逆变器功率控制

一般而言，具有两级变换的光伏并网逆变器，其前级变换器主要实现 MPPT 控制，后级变换器（并网逆变器）具有两个基本控制要求：一是保持前后级之间的直流侧电压稳定，二是实现并网电流控制（网侧单位功率因数正弦波电流控制），甚至需根据指令进行电网的无功功率调节。网侧控制策略是光伏逆变器并网性能的直接影响因素，因此本节仅讨论光伏逆变器功率控制策略，不涉及有关 MPPT 的控制策略。

2.1.1 国内外技术要求

光伏发电单元主要包括光伏阵列和光伏逆变器两个主要组成部分。其中，光伏阵列输出功率主要由辐照度、温度及输出直流电压决定，光伏逆变器通过采用 MPPT 策略调整直流侧母线电压，使光伏发电单元整体输出功率最大化，该部分控制由光伏逆变器本地控制实现。同时，光伏逆变器接受电站功率控制系统调度指令，对有功功率和无功功率进行调节。在国内外标准要求中，均通过分析功率阶跃变化测试结果与指令数据的差异值，对功率控制性能进行评价，光伏逆变器功率控制性能测试曲线如

图 2−1 所示。图 2−1 中 t_0 为控制信号输入时刻，t_1 为无功功率首次达到阶跃值的 90% 的时刻，t_c 为无功控制响应时间，Q_L 为输出感性无功功率目标值，Q_C 为输出容性无功功率目标值。

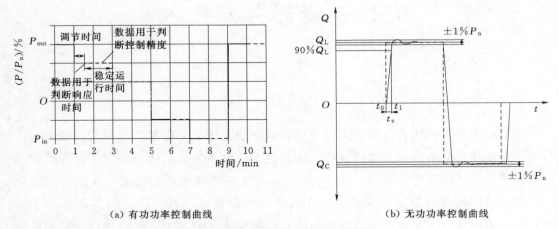

(a) 有功功率控制曲线　　　　　　　　(b) 无功功率控制曲线

图 2−1　光伏逆变器功率控制性能测试曲线

有功/无功功率控制关键评价指标为控制响应时间和控制误差。控制响应时间指逆变器自接收到控制指令开始，直到逆变器功率实际输出变化量（目标值与初始值之差）达到变化量目标值的 90% 所需的时间。控制误差是逆变器无功功率实际输出值与目标值之差。

光伏逆变器无功功率输出能力直接影响光伏发电站整体无功调节水平，因此国内外对于应用于集中式并网光伏发电站的光伏逆变器，一般要求其在全功率区间下具备全额标称的无功功率支撑能力，其无功出力范围如图 2−2 中实线矩形框所示，这对逆变器硬件提出了更高的要求。

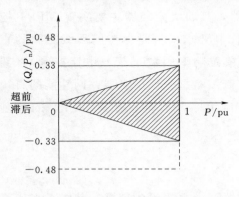

图 2−2　逆变器无功出力范围

2.1.2　功率控制方法

1. 恒功率控制

对于并网逆变器，目前应用最为广泛的控制策略为恒功率控制，通过恒功率控制策略可以使逆变器根据电网的调度实现固定的功率输出。在逆变器实现固定功率输出的同时还可以根据其输出电压的相角和幅值变化来对外界的功率需求做出响应。即通过控制逆变器输出电压的相角来调节其输出的有功功率，通过控制逆变器输出电压的幅值来调节其输出的无功功率。恒功率控制方法原理图如图 2−3 所示。

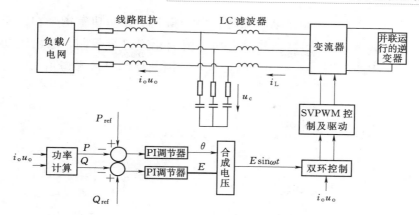

图 2-3　恒功率控制方法原理图

在恒功率控制方法中，通过对并网逆变器输出电压的相角 ω 和幅值 E 的控制来实现对系统有功功率和无功功率的控制，其控制的具体调节过程为：P_{ref}、Q_{ref} 分别为有功功率额定值和无功功率额定值，将额定值与计算得到的系统实际输出功率值分别进行比较，将比较的结果经 PI 控制器调节，分别得到相角 ω 和幅值 E，然后将相角与幅值合成正弦波形，并将其作为双环的给定。经过双环控制得到系统的调制信号，经过 SVPWM 控制及驱动模块生成驱动信号，驱动逆变器的开关管。

作为目前主流的光伏逆变器功率控制策略，当前多数电网建立的光伏逆变器功率控制均以该模型进行通用化建模，有功功率控制策略如图 2-4 所示。在正常情况下，光伏逆变器跟踪光伏阵列最大功率点指令运行，或者跟踪厂站级控制系统下达的有功功率指令。其中，MPPT 控制器输出直流参考电压 U_{dc_ref}。U_{dc_ref} 和直流电压 U_{dc} 的偏差值输入至 PI 控制器，并对有功电流变化率进行限制，从而得到有功电流参考值 i_{pcmd}；若跟踪有功功率控制指令，直流侧电压自行调节至对应功率点。

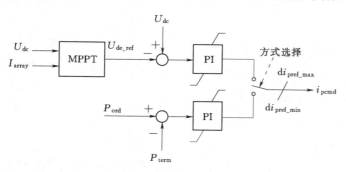

图 2-4　有功功率控制策略

在通用化模型中，光伏逆变器的无功功率控制可以分为功率因数控制模式和无功功率控制模式，无功功率控制策略如图 2-5 所示。当采用功率因数控制模式时，根据功率因数 PF_{ref} 和有功功率 P_{term} 计算出无功功率指令。当采用无功功率控制模式时，

无功功率参考值 Q_{ref} 为恒定值或者从站级控制中得到。无功功率指令 Q_{cmd} 与无功功率 Q_{term} 的偏差值输入至 PI 控制器，并对无功电流变化率进行限制，输出无功电流参考值 i_{qcmd}。目前许多逆变器以单位功率因数运行，因此无功电流参考值 i_{qcmd} 可以直接设为 0。

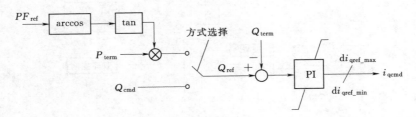

图 2-5 无功功率控制策略

2. 下垂控制

对于并联组网运行的光伏发电系统，其接口逆变器的控制为组网控制技术的关键，因此对于并联组网逆变器控制策略的研究成为焦点，其主要有两个研究方向，即有互连线并联控制和无互连线并联控制。由于无互连线并联控制不需要复杂的通信装置，结构简单，实现方便，因此得到了较为广泛的应用。

在无互连线并联控制中，应用最多的为基于电压频率的下垂控制。处于并联运行状态的逆变器可以通过下垂控制策略，合理分配有功功率和无功功率。在下垂控制策略中，给定系统运行时的输出电压幅值和频率的额定值，并通过相应的负载需求对其实际运行的电压幅值和频率进行调节，从而达到并联逆变器合理分配负载的目的。下垂控制策略的核心控制关系可以表示为

$$\omega = \omega_{ref} - m(P - P_{ref}) \qquad (2-1)$$

$$E = E_{ref} - n(Q - Q_{ref}) \qquad (2-2)$$

式中　ω_{ref}——额定角速度，rad/s；

　　　E_{ref}——逆变器输出电压幅值的额定值，V；

　　m、n——有功下垂系数和无功下垂系数；

　　　P_{ref}——额定有功功率，W；

　　　Q_{ref}——额定无功功率，var。

从式（2-1）、式（2-2）可以看出，逆变器输出的有功功率和无功功率分别与系统的角速度 ω（系统的频率 f）和系统输出的电压幅值 E 呈线性关系。下垂控制曲线图如图 2-6 所示。

从图 2-6（a）可以看出，逆变器的有功功率由 P_1 增加到 P_2，此时根据系统所设定的曲线，其稳态工作点由 A 点移动到 B 点。此时，系统的频率由 f_N 降低到 f_1；

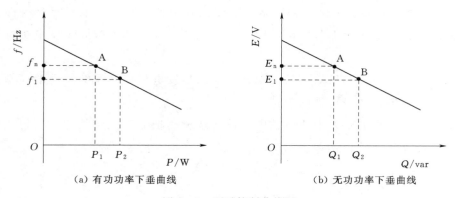

(a) 有功功率下垂曲线　　　　　(b) 无功功率下垂曲线

图 2-6　下垂控制曲线图

从图 2-6（b）可以看出，逆变器的无功功率由 Q_1 增加到 Q_2，此时根据系统设定的曲线，其稳态工作点由 A 点移动到 B 点，此时，系统的电压幅值由 E_n 降低到 E_1。同理，当系统的有功功率和无功功率向上述相反方向变化时，系统的频率和电压幅值也会根据曲线做出相应的调整。

　　将上述功率控制策略应用到光伏逆变器外环控制中，下垂控制方法原理图如图 2-7 所示。通过对逆变器输出的电容电压采样，计算得到逆变器实际的输出有功功率 P 和无功功率 Q，将实际的输出与有功功率额定值 P_{ref} 和无功功率额定值 Q_{ref} 进行比较，并按照式（2-1）和式（2-2）进行计算，得到系统的频率 f 和电压幅值 E，将两者合成正弦信号，并作为双环控制给定值。经过双环控制，得到系统的调制信号，经过 SPWM 控制及驱动模块生成驱动信号，驱动逆变器的开关管。

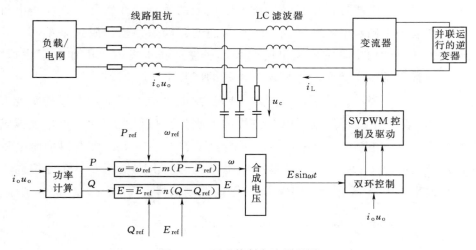

图 2-7　下垂控制方法原理图

3. 虚拟同步发电机控制

虚拟同步发电机控制包含虚拟调速器、虚拟励磁控制器和虚拟同步发电机算法，

3 个部分分别模拟同步发电机的调速器、励磁控制系统和同步发电机机械特性及电气特性，控制系统的这 3 个部分协调作用，以实现并网逆变器模拟同步发电机特性的控制目标。

虚拟同步发电机控制策略不仅仅包含了对同步发电机控制系统特性的模拟，同时包括了对同步发电机本身特性的模拟。

本节中实现虚拟同步发电机算法的具体方法就是根据其二阶数学模型提出的。对同步发电机建立的二阶数学模型为

$$\begin{cases} E=U+I(r_a+jX_d) \\ J\dfrac{\mathrm{d}\Delta\omega}{\mathrm{d}t}=\dfrac{p_m}{\omega}-\dfrac{p_e}{\omega}-D\cdot\Delta\omega \end{cases} \tag{2-3}$$

式（2-3）所示的数学模型中包括定子电气方程和转子机械方程，两个方程分别体现了同步发电机的输出阻抗大和转动惯量大的特性，对同步发电机特性的模拟起决定性作用。

（1）虚拟定子电气部分。从式（2-3）可得到同步发电机的定子电气方程，即

$$E=U+I(r_a+jX_d) \tag{2-4}$$

将式（2-4）进行变形，得到

$$U=E-I(r_a+jX_d) \tag{2-5}$$

从式（2-5）看出，将励磁电动势 E 减去定子压降 ΔU，其中 $\Delta U=I(r_a+jX_d)$，便得到同步发电机的输出端电压。正是由于定子绕组的大电感特性，才使同步发电机表现出大的输出阻抗，在虚拟同步发电机控制中也要实现对这一特性的模拟。虚拟定子压降为虚拟同步发电机控制中设计的虚拟阻抗上的压降。在实际中，同步电机定子绕组的电阻远远小于同步电抗，而这一特性与逆变器的阻性输出阻抗是不同的，鉴于同步发电机大的感性输出阻抗表现出的优势，在虚拟同步发电机中加入了虚拟阻抗，而虚拟阻抗参数的选取主要是参考同步发电机的同步电抗。

将式（2-5）所表示的关系等效到虚拟同步发电机中，定子电气方程实现方法如图 2-8 所示。结合图 2-8，定子电气方程的实现方法可以表述为，将从虚拟励磁控制器得到的虚拟励磁电流 i，经过转换得到虚拟励磁电动势 E，将虚拟励磁电动势 E 减去虚拟定子压降 ΔU，便可以得到虚拟同步电机的输出端电压 U。在虚拟同步电机控制中，将输出端电压 U 作为 SVPWM 控制的调制信号。

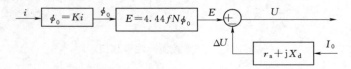

图 2-8　定子电气方程实现方法

（2）虚拟转子机械部分。根据上文分析可得到同步发电机的转子机械方程，即

$$J \frac{\mathrm{d}\Delta\omega}{\mathrm{d}t} = \frac{P_\mathrm{m}}{\omega} - \frac{P_\mathrm{e}}{\omega} - D\Delta\omega \tag{2-6}$$

由式（2-6）可推得

$$\omega = \int \left[\frac{1}{J} \frac{1}{\omega} (P_\mathrm{m} - P_\mathrm{e}) - \frac{1}{J} D\Delta\omega \right] \mathrm{d}t + \omega_\mathrm{n} \tag{2-7}$$

转子机械方程反映的是同步发电机转子的运动特性，对于同步电机本身而言，方程所描述的机械过程为：从转矩差到转子机械能储存或释放的过程，也就是说，机械功率与系统输出功率的差额会直接导致同步发电机转子转速的变化。同时，同步发电机的转子机械方程也体现出了同步发电机本身的惯性特点，参数 J 定量地体现了转动惯量的大小。转子机械方程实现示意图如图 2-9 所示。在图 2-9 中，虚拟机械输入功率与负载功率做差，并输入到转子机械方程中，最终得到角频率的差值，将角频率的差值与角频率的给定值相加得到系统实际输出的角频率。

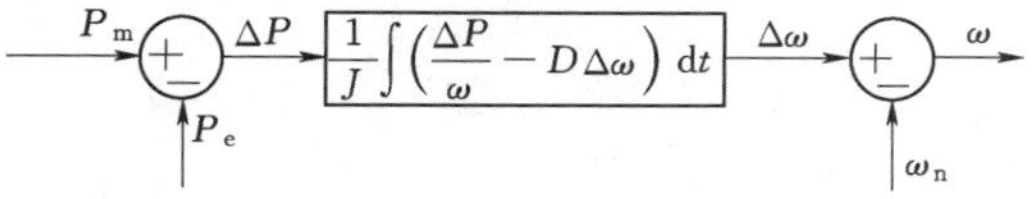

图 2-9　转子机械方程实现示意图

综上可得，通过算法来实现转子机械方程，从并网逆变器控制的角度看，实现了逆变器对从输出功率到系统频率的控制。在转子机械方程实现的过程中，模拟了同步发电机大的转动惯量优势。此时当系统功率出现不平衡时，可以通过设定虚拟的转动惯量以及相应的转子机械方程实现系统频率的缓慢调节，防止系统频率的闪变，从而保证微电网的稳定可靠运行。

根据提出并网逆变器虚拟同步发电机控制方法以及详细分析设计原理，可以得到虚拟同步电机整体控制结构框图，如图 2-10 所示。

2.2　光伏逆变器电网适应性控制

光伏逆变器电网适应性是指光伏逆变器在电网电压偏差、频率偏差、三相电压不平衡、电压波动和闪变、谐波电压情况下的响应特性。相关标准根据不同电压等级下的电网故障类型和电网运行特征，对光伏逆变器提出了不同的运行适应性要求。

2.2.1　国内外技术要求

在各类标准制定中，电压适应性的要求一般是伴随着高低电压穿越的要求出现，本节中的电压适应性指的是电网电压高于低电压穿越阈值并且低于高电压穿越阈值

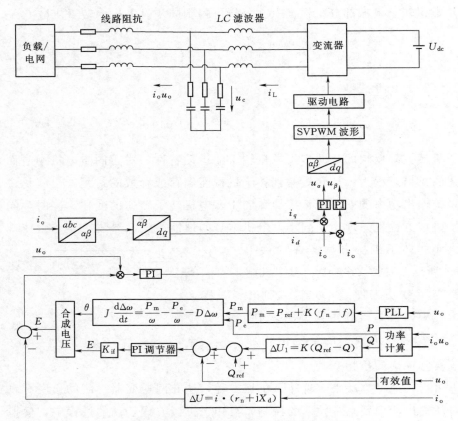

图 2-10　虚拟同步电机整体控制结构框图

时，逆变器可以保持正常运行的能力。

1. 国内标准

国内根据逆变器接入的电压等级将光伏发电站分为接入中低电压等级的光伏发电站和接入中高电压等级的光伏发电站两种。

（1）对于接入中低电压等级的光伏发电站，国内标准中提出了多级的保护要求。以《光伏发电系统接入配电网技术规定》（GB/T 29319—2012）为例，并网点电压为 0.85～1.1 倍标称电压时，光伏发电系统应能正常运行；并网点电压超出该范围时，应在相应的时间内停止向电网线路送电。停止送电的时间和并网点电压扰动幅值相关，GB/T 29319—2012 规定的具体电压适应性曲线如图 2-11 所示。

（2）对于接入中高电压等级的光伏发

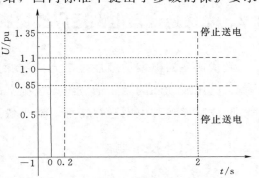

图 2-11　GB/T 29319—2012 规定的具体
电压适应性曲线

电站，电站具备电网适应性能力，且时间
要与所接入的电网保护动作时间紧密配
合。目前应用最广的国家标准《光伏发电
站接入电力系统技术规定》（GB/T
19964—2012）中规定：光伏发电站应在并
网点电压处于 0.9～1.3 倍标称电压范围
时，根据不同电压具备不同时间的持续运
行能力。GB/T 19964—2012 规定的电压
适应性范围如图 2-12 所示。

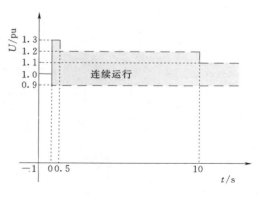

图 2-12　GB/T 19964—2012 规定的电压
适应性范围

2. 国外标准

在国外标准中，以 IEEE1547 系列，
德国《发电系统接入中压电网并网规范》（VDE-AR-N 4105：2018）、《发电系统接
入低压电网并网技术要求》（VDE-AR-N 4110：2018）等较有代表性。《分布式电
源与电力系统互连要求》（IEEE 1547—2003）是由美国电气与电子工程师协会（In-
stitute of Electrical and Electronics Engineers，IEEE）制定的针对分布式电源并网的
标准，适用于所有类型的分布式电源。德国 VDE-AR-N 4110：2018 适用于接入中压
电网（1～60kV）的情况，VDE-AR-N 4105：2018 适用于接入低压配电网（≤1kV）
的情况。

3. 标准要求对比

在这些标准中，电压适应性的规定大同小异。其中：IEEE1547 中较为严格的Ⅰ
级响应要求逆变器应在 0.7～1.1pu 时保持连续运行，超出该范围后应按照标准在规
定时间内脱网；VDE-AR-N 4105：2018 中电压适应性的范围是 0.85～1.15pu；
VDE-AR-N 4110：2018 中电压适应性的范围是 0.9～1.1pu，在超出该范围后同样
应该在规定时间内脱网。

对于频率偏差适应性，国内标准《光伏发电并网逆变器技术要求》（GB/T
37408—2019）中对逆变器做出了统一的多级保护规定。GB/T 37408—2019 规定的频
率适应性曲线如图 2-13 所示。当电网频率在图中阴影部分时，逆变器应该保持连续
运行，当电网频率超出阴影部分时，逆变器可以按照自身频率保护设定值进行动作。

在国外相关的标准中，德国 VDE-AR-N 4105：2018 和 VDE-AR-N 4105：
2018 要求发电系统应该在电网频率 49～51Hz 范围内连续运行，在 47.5～49Hz 和
51～51.5Hz 范围内连续运行不少于 30min。德国 VDE-AR-N 4105：2018 规定的频
率适应性曲线如图 2-14 所示。在该曲线频率范围之外，光伏发电系统也应该按照标
准要求跳闸脱网，脱网时间根据接入电压等级及频率范围设定。

IEEE 1547—2003 对电源的频率适应性也做出了类似的规定，其具体要求是发电

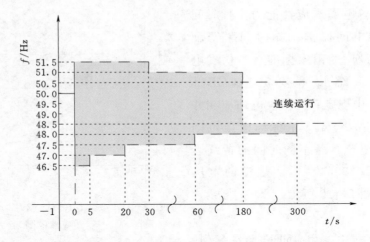

图 2 - 13   GB/T 37408—2019 规定的频率适应性曲线

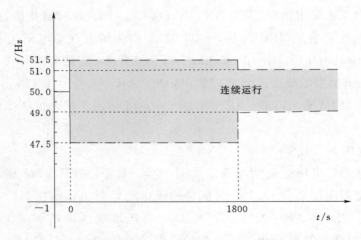

图 2 - 14   德国 VDE - AR - N 4105：2018 规定的频率适应性曲线

系统应该在电网频率 58.8～61.2Hz 范围内连续运行，在电网频率 57～58.8Hz 和 61.2～61.8Hz 范围内连续运行不少于 299s。

近年来，在频率变化期间对光伏逆变器有功功率进行了更加详细的规定。当电网频率波动超过死区范围时，逆变器应当主动根据电网频率的偏差，按照规定的曲线调节并网点的有功输出，这就是光伏逆变器的一次调频能力。光伏逆变器一次调频曲线如图 2 - 15 所示。

2.2.2   电网适应性控制方法

在并网运行过程中，光伏逆变器需要控制并网电流与电网电压保持同步。将电网变量从静止坐标系转换到同步旋转坐标系，电网电压的幅值和相位信息是必不可少

的。此时，就需要利用锁相环实时检测
电网电压的幅值和相位信息。当电网电
压或频率出现偏差、电压出现不平衡时，
由于电网电压除了包含正序分量外还含
有负序分量和零序分量，因此电网电压
锁相环就成了整个逆变器并网控制的关
键。设计优良的锁相环可以及时准确地
检测到电网电压的幅值和相位，快速提
取出电网电压的正负序分量，这也是实
现逆变器良好的稳态和动态控制性能的
前提。

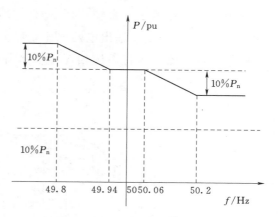

图 2-15　光伏逆变器一次调频曲线

1. 电网电压不平衡时逆变器锁相控制策略

逆变器准确锁相是保证适应性的关键技术，常见的锁相环主要包括同步参考坐标
系锁相环（SRF-PLL）、双二阶广义积分器锁频环（DSOGI-FLL）和解耦双同步参
考坐标系锁相环（DDSRF-PLL）。SRF-PLL 是一种结构简单、应用广泛的锁相环。
然而，当电网电压受谐波畸变或者不对称的影响时，SRF-PLL 已不适用于电网故障
时快速而准确的电网锁相要求。DSOGI-FLL 通过基于二阶广义积分器的自适应滤波
器获得暂态对称分量，检测到的基本变量是电网频率，运算较为复杂。DDSRF-PLL
基于以正序同步速度和负序同步速度旋转的双同步参考坐标系，双同步坐标系可以将
正负序电压解耦，这样使得系统能够在电网故障时仍能保证快速而准确的电网同步。
单同步参考坐标系锁相环控制框图如图 2-16 所示。

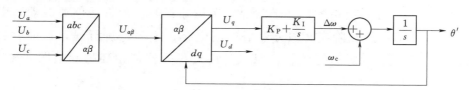

图 2-16　单同步参考坐标系锁相环控制框图

单同步参考坐标系锁相原理是，将静止三相坐标系下三相电网电压 U_a、U_b、U_c
转换为两相旋转 dq 坐标系 U_d 和 U_q。由于在 Park 变换中，U_q 的值和旋转坐标系的
角度息息相关，因此，对 U_q 进行 PI 调节使其迅速达到 0，即可实现锁相。

但是，电网电压不平衡时同步旋转坐标系下电压正序 dq 分量是由正序电压变换
输出的正序直流分量与 2 倍电网频率的负序分量的耦合，电压负序 dq 分量是由负序
电压变换输出的负序直流分量与 2 倍电网频率的正序分量的耦合。因此，在只考虑基
波电压的情况下，单同步参考坐标系锁相环检测的电网电压会出现由负序电压引起的
2 倍频的扰动。

解耦双同步参考坐标系锁相环是通过数学解耦的方法将电网不平衡下的扰动分量消除，再通过 PI 控制器输出电网电压正序分量的频率和相位。

解耦双同步参考坐标系锁相环控制框图如图 2-17 所示。

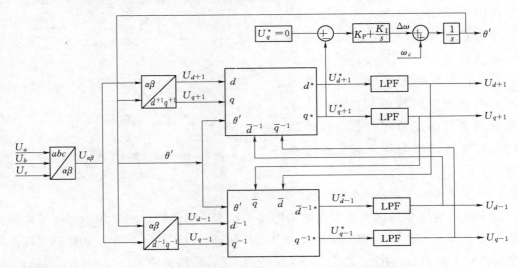

图 2-17　解耦双同步参考坐标系锁相环控制框图

解耦双同步参考坐标系锁相原理是将三相电网电压 U_a、U_b、U_c 分解成正序分量、负序分量和零序分量，在三相三线制系统中忽略零序分量，分别将静止三相坐标系下电网电压正序分量和负序分量转换为两相旋转坐标系下的电压正、负序值。对电网电压正负序值进行交叉解耦，再使用 PI 调节使得正序 U_q 逼近于 0，既可实现锁相。

双二阶广义积分器锁相环是基于二阶广义积分器的二阶自适应滤波器，引入移相运算算子 q，通过双二阶广义积分器对电网电压正序分量进行提取，最后利用单同步参考坐标系锁相原理进行锁相，双二阶广义积分器锁相环控制框图如图 2-18 所示。

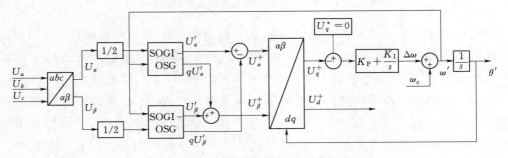

图 2-18　双二阶广义积分器锁相环控制框图

2. 谐波抑制控制策略

在电网背景谐波较大时，大量的光伏逆变器接入电网后，并网点系统谐波有可能在谐振频率处放大，导致电网电压、电流谐波含量超标。另外，谐波在电力系统中传播会引发更加复杂的谐振，造成并网系统运行失稳。

在并网点接入谐波阻抗，可以增加系统阻尼，有效削弱系统中的谐波传输，抑制电网谐波畸变。这种在滤波器电路中增加阻尼电阻的方法一般被称为无源阻尼方法。无源阻尼方法能对震荡进行有效抑制，但是使用真实电阻作为谐波阻抗，将会带来巨大的功率损耗。

为了解决真实电阻带来的功率损耗问题，光伏逆变器一般通过控制策略模拟阻尼，实现电阻型虚拟阻抗功能，这种方法一般叫作有源阻尼。有源阻尼从原理方面可以分为两种：一种是虚拟电阻方法；另一种是谐振峰抑制方法。

（1）虚拟电阻方法。虚拟电阻方法的核心思想是通过模拟无源电阻的方式，在滤波器中模拟出阻尼电阻。以与电感串联电阻 R_1 为例，电阻的作用相当于减少通过滤波电感的电压，减少的电压与通过的电流成比例。比例系数取决于串联的电阻值。虚拟电阻控制算法等效结构图如图 2-19 所示。图 2-19（a）中检测网侧电流 i_g，经过微分器 sC_fR_1，输出值注入到桥臂电流指令信号中，这样就可以替代实际电阻形成阻尼作用。根据同样的方法可以得出其他几种情况的虚拟电阻算法，如图 2-19（b）、图 2-19（c）、图 2-19（d）所示。

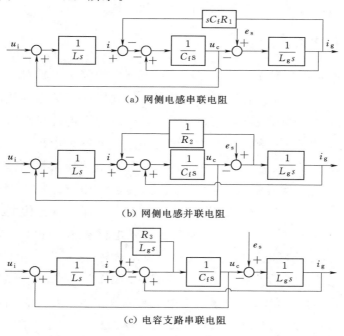

（a）网侧电感串联电阻

（b）网侧电感并联电阻

（c）电容支路串联电阻

图 2-19（一） 虚拟电阻控制算法等效结构图

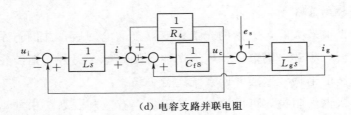

（d）电容支路并联电阻

图 2-19（二） 虚拟电阻控制算法等效结构图

（2）谐振峰抑制方法。谐振峰抑制方法是通过传递函数改造，在逆变器输出谐振峰处构建高阻尼，降低谐振峰频段的传递函数增益。该方法有两种常用的构建方式，即基于陷波器的有源阻尼策略和基于双带通滤波器的有源阻尼策略。

2.3 光伏逆变器电能质量控制

光伏并网逆变器作为光伏发电系统的核心部件，直接影响光伏发电并网的电能质量。由于光伏逆变器采用了电力电子装置及控制技术，是影响系统并网电能质量的重要因素，其主要的电能质量影响因素包括开关频率、采用的并网控制策略、直流电压的选取及稳定控制、直流侧电容的选取、交流侧滤波电感和电容的选取。通过对上述影响因素采取独立或者综合优化措施，使得光伏逆变器在多类型电网下的并网电能质量均符合要求，是光伏逆变器电能质量优化控制的核心工作。

2.3.1 国内外技术要求

由于电能质量问题的交互性及综合性，目前国内外较少单独对光伏并网电站提出电能质量标准，一般均参考已有标准，或是将光伏并网标准纳入其他新能源标准范围内。国际电工委员会在风力发电领域制订了《并网风力发电机组功率质量特性测试与评价》（IEC 61400-21）标准，提供了一套完整描述并网风电机组电能质量特征参数及其相应检测和计算方法的标准，但当前尚未对光伏电能质量检测做出特别要求。我国针对光伏逆变器和光伏发电站电能质量特性制定了相应的标准，国家标准 GB/T 19964—2012、GB/T 29319—2012，国家电网公司企业标准《光伏电站接入电网技术规定》（Q/GDW 1617—2015）、《光伏电站接入电网检测规程》（Q/GDW 1618—2018），行业标准《光伏发电站电能质量检测技术规程》（NB/T 32006—2013）、《光伏发电站逆变器电能质量检测技术规程》（NB/T 32008—2013）均对光伏逆变器/光伏发电站电能质量的技术要求和检测方法做了明确规定。同步采样情况下，傅里叶变换窗口宽度为 10 个周期（50Hz 系统）并带有矩形加权，非同步情况下，采用汉宁加权。基于 IEC 标准的谐波统计方法如图 2-20 所示。计算得到的频谱分析结果间隔为

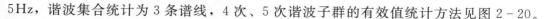

5Hz，谐波集合统计为 3 条谱线，4 次、5 次谐波子群的有效值统计方法见图 2 - 20。

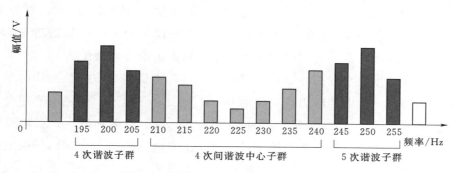

图 2 - 20　基于 IEC 标准的谐波统计方法

随着户用光伏发电量的快速增长，光伏逆变器与用户侧的电气距离变近，光伏逆变器高频谐波对居民的影响也逐渐显现。VDE - AR - N4105：2018 将高频分量也纳入了测试范围，由于高频分量频带跨度大，因此统计以 200Hz 为间隔，计算中心频率从 2.1kHz 至 8.9kHz 的电流高频分量，一共 35 个频带。

电网中电源注入功率的变化以及负荷的波动都会引起电网中母线节点电压波动。如光伏发电、风力发电等新能源发电形式都具有随机性、波动性较大的特点，可能会引起并网侧功率波动。集中供电的配电网一般呈辐射状，在稳态运行状态下，电压沿馈线潮流方向逐渐降低。接入光伏逆变器后，由于馈线上的传输功率减少，沿馈线各负荷节点处的电压被抬高，可能导致一些负荷节点电压偏移超标，其电压被抬高多少与接入光伏逆变器的位置及总容量大小密切相关。

尽管电压波动、电压闪变两者经常同时发生，但各自的内涵不同。电压波动是指变动幅值不超过 10% 的周期性电压均方根值相对于稳态平均值发生偏离的现象。光伏逆变器启动/关闭时会因为局部功率不匹配引起电压波动，这种情况在短路容量小时较为明显，但这种情况只会反映为瞬时视感度的阶跃，短时闪变或者长时闪变指标则不会有显著变化，故在区域内逆变器较少且该逆变器不是频繁启动的情况下，这种影响尚处于可以接受的范围之内。但目前光伏发电站容量显著增大，一个光伏发电站往往装配数十台甚至上百台逆变器，且由于逆变器设计的一致性，在短时间内大量逆变器频繁启停的可能性是存在的。近年来，也有专家学者对 MPPT 控制技术进行反思，提出了光伏逆变器功率平滑输出的功率控制方法，以便对电网影响更小。

2.3.2　光伏逆变器滤波电路设计

PWM 是一种多脉冲调制技术，它是利用半导体器件的开通和关断，把直流电压变成一定形状的电压脉冲序列，逆变器采用 PWM 控制策略调制并网波形，归纳起来分为 SPWM、随机 PWM 方法和特定谐波消除 PWM 方法三大类。其中，SPWM 是当前光伏逆变器最为常用的调制策略，SPWM 是调制波为正弦波，载波为三角波或锯齿波的一种脉宽调制法。依据所调制正弦电气量的不同，又可以划分为电压 SPWM、SVPWM 和电流 PWM。无论光伏逆变器采用何种波形调制策略，都会给电网带来高次谐波电流，在开关频率和开关频率倍频附近谐波含量最高。

单电感等两电平逆变器拓扑结构应用最为广泛，主要因为该拓扑结构简单，易于控制。传统的两电平电路的输出线电压共有 $\pm U_d$ 和 0 三种电平，而三电平逆变电路的输出线电压则有 $\pm U_d$、$\pm U_d/2$ 和 0 五种电平。通过输出更多种电平，就可以使其波形更接近正弦波。因此，通过适当控制，三电平逆变电路输出电压谐波较两电平电路少很多。通过类似的方法，还可以构成五电平、七电平等更多电平的电路，但控制算法计算量也随之上升。同多电平一样，多重化把若干个逆变电路的输出按照一定的相位差组合起来，使它们所含的某些主要谐波分量相互抵消，就可以减少谐波含量，得到较为接近正弦波的波形。另外，多重化主电路可以有效解决大容量逆变器电力电子器件开关频率低的问题，使系统等效开关频率成倍提高，从而大大提高了逆变器并网电能质量。

单电感是配置于电压源型逆变器输出 PWM 电压和电网之间最简单的滤波器结构。然而，由于直流侧电压、动态特性、成本体积等的限制，光伏逆变器多采用 LCL 或 LC 的滤波结构，等效单相 LCL 滤波器结构如图 2-21 所示。

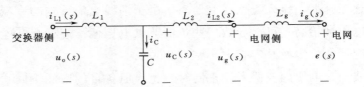

图 2-21　等效单相 LCL 滤波器结构

逆变器侧电压到输出电流的传递函数可表示为

$$G_{LCL,iL_2 \to v_o}(s) = \frac{1}{L_1 L_2 C s^3 + (L_1 + L_2)s}$$

(2-8)

LCL 滤波器逆变器侧电压到网侧电流频率响应曲线如图 2-22 所示。

从图 2-22 中可看出，相对于 L 型滤波器而言，LCL 滤波器对高次谐波具有更好的衰减特性，使得采用其作为滤波器的逆变器能够在满足并网标准的前提下降低硬件成本或采用更低的开关频率。

LCL 滤波器的参数设计需参照并网标

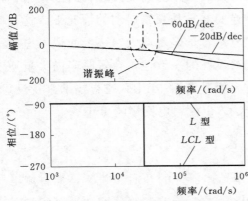

图 2-22　LCL 滤波器逆变器侧电压到网侧
电流频率响应曲线

准给出的最大电流谐波。国内外许多专家学者对滤波器的设计过程进行了深入探讨，其设计过程较复杂，至今没有一个基于并网谐波电流的精准设计方法。基本的设计思路总体来说由基准参数确定、参数限制范围确定、参数优化选取以及参数验证等多个步骤组成，LCL 滤波器参数设计流程图如图 2-23 所示。

一般来说，根据逆变器侧电感 L_1、滤波电容 C 的范围，滤波电容 C 和电网侧电感 L_2 的共同范围，总电感 L_1+L_2 的范围，LCL 谐振频率的范围，f_{res} 等参数的限定，只能确定 LCL 滤波器参数的一个较大范围区间，虽在该区间内的参数一般能保证并网逆变器的正常运行，但仍可通过引入成本函数对参数目标进行优化，即

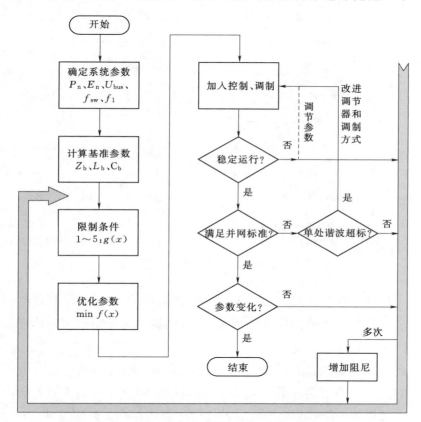

图 2-23　LCL 滤波器参数设计流程图

$$\min f_{cost}(L_1,L_2,C)=\lambda_{c1}f_{c1}(L_1)+\lambda_{c2}f_{c2}(L_2)+\lambda_{c3}f_{c3}(C) \qquad (2-9)$$

式中　$f_{c1}(x)$、$f_{c2}(x)$、$f_{c3}(x)$——电感 L_1、L_2 和电容 C 对应的损失系数函数；

λ_{c1}、λ_{c2}、λ_{c3}——各组件优化系数，根据不同的优化方法选取。若成本函数分别从成本体积和电网适应性两方面进行考虑，可得两种差别较大的滤波参数。

LCL 滤波方案Ⅰ——成本体积优化：对于组串式光伏逆变器的电压和功率等级

而言，电感体积成本比电容高不少，从成本和体积优化的角度考虑，希望系统中电容尽可能大而电感尽可能小。以此为目标设计的 LCL 滤波参数特点为电容 C 大，网侧电感 L_2 小。

LCL 滤波方案 II——电网适应性优化：为使并网逆变器具有更好的电网适应性，通常网侧电感的值较大，以减少逆变器对电网阻抗波动的敏感性。以此为目标设计的 LCL 滤波参数特点为电容 C 小，网侧电感 L_2 大。

两种滤波方案电网阻抗适应性对比如图 2-24 所示。两种方案滤波器的谐振频率接近，高频衰减也类似，设电网阻抗的基准值为 $L_{gb}=5\%L_b$，则在电网阻抗从 2% L_{gb} 到 200% L_{gb} 变化时做出传递函数 $G_{LCL,iL2 \to v_o}(s)$ 的波特图，即为图 2-24。

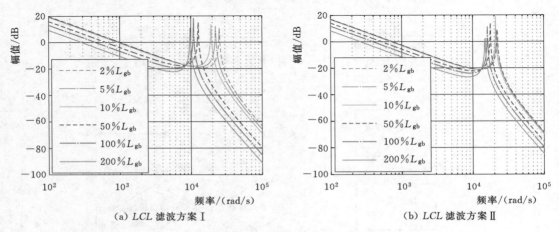

(a) LCL 滤波方案 I (b) LCL 滤波方案 II

图 2-24　两种滤波方案电网阻抗适应性对比

可见，LCL 滤波方案 II 由于选用了较大的网侧电感 L_2，使得其在电网阻抗变化时，上述传递函数的谐振峰变化范围相对 LCL 滤波方案 I 小很多，体现出较强的电网适应性。

此外，采用上述两种 LCL 滤波方案的控制结构也略有不同。前者由于网侧电感 L_2 较小，忽略 L_2 上工作压降可将电容 C 电压当作电网电压，即逆变器输出传感器分别测量电容 C 电压和变换器侧电流。这种传感器位置在一定程度上可以对逆变器控制的 LCL 对象进行解耦成为单电感 L_1，提高逆变器控制系统的稳定性。后者由于网侧电感 L_2 较大，其上产生的压降以及对电容 C 上电压造成的相位偏移不可忽略，传感器通常直接测量输出电网侧电压及变换器侧电流。

2.4　光伏逆变器故障穿越能力

光伏逆变器故障穿越能力是指当电力系统的事故或扰动引起逆变器交流出口侧电

压超过正常运行范围时，在规定的变化范围和时间间隔内，逆变器能够保证不脱网连续运行。故障穿越包括低电压穿越和高电压穿越。低电压穿越能力是指当电力系统事故或扰动引起逆变器交流出口侧电压跌落时，在一定的电压跌落范围和时间间隔内，逆变器能够保证不脱网连续运行的能力。高电压穿越能力是指当电力系统的事故或扰动引起逆变器交流出口侧电压升高时，在一定的电压升高范围和时间间隔内，逆变器能够保证不脱网连续运行的能力。

2.4.1 国内外技术要求

早在 2008 年前后，德国、西班牙等新能源发电起步较早的国家就出台了新能源场站和机组故障穿越技术要求。各个国家根据自己电网的运行特性，制定了电压跌落故障的幅值及其对应的持续时间曲线，要求新能源场站在该曲线规定的故障时间范围内，不能发生脱网故障，国际上部分国家、地区的逆变器故障穿越能力要求如图 2-25 所示。

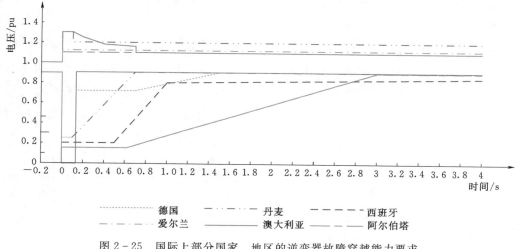

图 2-25　国际上部分国家、地区的逆变器故障穿越能力要求

低电压穿越故障类型均包括电网对称故障和不对称故障，德国、澳大利亚、中国要求新能源机组具备零电压穿越能力，持续 150ms，爱尔兰等国家要求新能源机组承受的最低电压为 0.15~0.2pu；我国由于西藏电网网架结构特殊，在遵循国标的基础上，对接入西藏电网的光伏逆变器提出更为严格的低电压持续时间，要求电网电压在 0.7~0.9pu 时逆变器应具备持续并网运行能力。IEEE 1547—2018 为应对电网中自动重合闸失败造成的连续跌落，首次提出接入电网的新能源机组需具备连续故障穿越能力，二级响应的新能源机组连续故障穿越示意图如图 2-26 所示。

电网出现高电压故障均为三相同时发生，各标准中高电压穿越故障主要考核三相故障。澳大利亚、丹麦、德国提出新能源机组承受的最高电压为 1.3pu，我国的

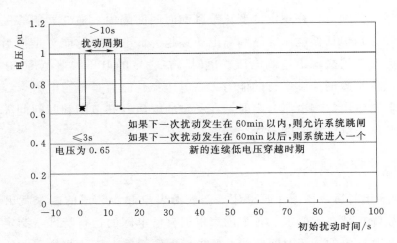

图 2-26　二级响应的新能源机组连续故障穿越示意图

Q/GDW1617—2015 在国内首次对光伏发电站提出高电压穿越要求，规定了电网电压大于 1.3pu 时允许光伏发电站退出运行，且高电压穿越期间，光伏发电站应具备有功功率连续调节能力，但是没有对无功支撑做出要求。

　　为了帮助电网将电压恢复到正常范围内，大部分标准还提出了低电压穿越期间逆变器应发出动态感性无功功率，高电压穿越期间逆变器应吸收动态感性无功功率的要求。这也对新能源机组在故障穿越期间提供支撑的能力进行了更多细化的要求。具体指标包括无功电流响应时间、无功电流调节时间、电流注入有效值、无功电流控制误差等，故障穿越期间无功指标解析图如图 2-27 所示。

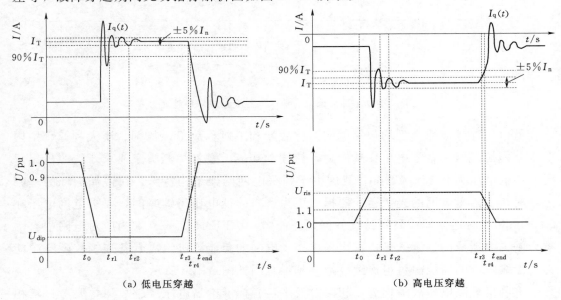

(a) 低电压穿越　　　　　　　　　　(b) 高电压穿越

图 2-27　故障穿越期间无功指标解析图

针对上述动态无功支撑指标，大部分国家的标准均提出了要求，其中德国的 VDE - AR - N 4110：2018 对接入高压电网的新能源机组要求最为严格，低电压故障期间电网电压大于 0.15pu 时，以及高电压故障期间电网电压大于 1.2pu 时，机组需要提供动态无功电流。不仅如此，该标准还对无功电流的正负序分量做出严格的规定，要求新能源机组发出的正序无功电流变化量对应于电压正序变化量，负序无功电流变化量对应于电压负序变化量。这意味着故障穿越期间，光伏逆变器不仅需要维持直流电压稳定，还需要提供正、负序动态无功电流支撑，对逆变器电流输出提出了更加精准的要求。

除故障期间的动态无功指标外，为帮助故障后电网功率快速恢复平衡，国内外标准还提出了有功功率恢复指标，主要包括故障期间有功功率输出、有功功率恢复速度或有功功率恢复时间等，故障穿越期间有功指标解析图如图 2 - 28 所示。

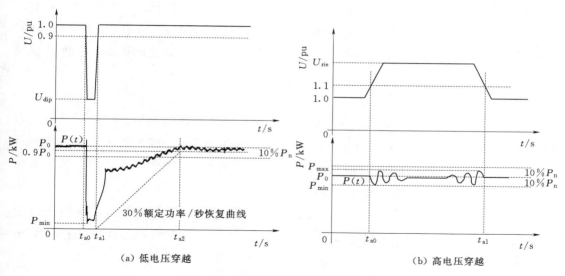

（a）低电压穿越　　　　　　　　　　（b）高电压穿越

图 2 - 28　故障穿越期间有功指标解析图

针对上述指标，不同电网依据自身特性提出不同的要求，国内外标准没有统一的指标。德国标准针对接入高压电网的新能源机组，要求在电压恢复到正常运行范围内后，有功功率必须在 1s 内恢复到故障前的有功值。IEEE1547 要求故障穿越期间无动态无功支撑的机组，在 0.4s 内有功恢复到故障前的 80%，有动态无功支撑的机组，在电压恢复到正常范围内继续维持 5s 的无功支撑，并在 0.4s 内有功恢复到故障前的 80%。我国标准 GB/T 37408—2019 规定低电压穿越期间未脱网的逆变器，自故障清除时刻开始，以至少 $30\%P_n/s$ 的功率变化率平滑地恢复至故障前的值，当故障期间有功功率变化值小于 $10\%P_n$ 时，可不控制有功功率恢复速度；高电压穿越期间未脱网的逆变器，其电网故障期间输出的有功功率应保持与故障前输出的有功功率相同，

允许误差不应超过 $10\%P_n$。此外，我国西藏自治区考虑西藏电网特点，要求接入西藏电网的逆变器，在低电压穿越期间，在稳定控制无功电流输出的前提下，具备持续的有功电流输出能力，保障逆变器在低电压穿越期暂态和稳态冲击下的并网稳定性，持续输出有功和无功功率支撑电网快速恢复；在低电压穿越期结束后，有功功率在 0.5s 内恢复至故障前水平，降低电站因低电压穿越期造成的有功功率和频率不稳定风险，这也对逆变器故障穿越能力提出更高要求。

2.4.2 低电压穿越能力实现

在低电压穿越过程中，当逆变器交流侧电压跌落时，光伏逆变器输出的能量会瞬间降低，从而造成逆变器直流输入侧能量的累积，可能出现过压、过流的问题。但是由于光伏阵列自身的输出特性，当光伏阵列输出电压低于最大功率点电压时，输出功率随电压的升高而增大；光伏阵列输出电压高于最大功率点电压时，输出功率随电压的升高而减小。因此，光伏逆变器不同于风电变流器需要类似 Crowbar 的硬件电路来消耗能量，它仅需通过控制策略即可实现低电压穿越，限制能量的输出，实现电压跌落期间光伏逆变器持续并网运行。

1. 对称故障穿越策略

电网电压对称跌落后，交直流侧功率不平衡导致逆变器直流侧母线电压升高。但由于光伏阵列自身特性，直流侧电压高于最大功率点电压后，输出功率随着直流侧电压升高而减小，达到开路电压后，逆变器的输出功率为 0。因此，光伏逆变器低电压穿越的关键是控制跌落期间逆变器的输出电流。

电网电压对称跌落发生后，逆变器控制器舍弃直流电压外环控制，采用并网电流环对逆变器进行控制；同时，考虑到电网故障期间光伏逆变器需向电网进行动态无功支撑，通常采用考虑动态无功支撑的低电压穿越控制策略，其框图如图 2-29 所示。

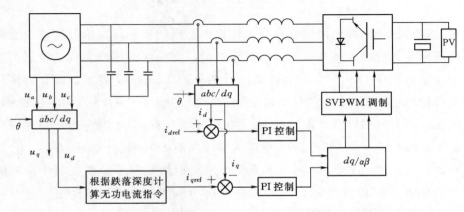

图 2-29 考虑动态无功支撑的低电压穿越控制策略框图

具体过程是：

（1）检测到电网电压对称跌落后，断开直流电压外环，对电流给定值进行重新分配。

（2）针对不同的跌落深度 h，提供的动态无功支撑不同，分别为

$$\begin{cases} i_{q\_min}=0 & (h>0.9) \\ i_{q\_min}=1.5(0.9-h)i_n & (0.2\leqslant h\leqslant 0.9) \\ i_{q\_min}=1.05i_n & (h<0.2) \end{cases} \qquad (2-10)$$

（3）控制策略中以无功电流为主要控制对象，假定逆变器可流过的最大短路电流为 1.1 倍额定电流（i_n），有功电流参考值 i_{dref} 可以表示为

$$i_{dref}=\sqrt{(1.1i_n)^2-i_{qref}^2} \qquad (2-11)$$

（4）有功电流参考值 i_{dref}、无功电流参考值 i_{qref} 分别与实测值比较后，经电流 PI 调节器得到 dq 调制波，经过坐标变换后，经 PWM 调制，最终驱动逆变器工作。

由于电网电压正常时，不存在负序分量，dq 变换后 u_d 为直流量，大小为电压幅值，$u_q=0$。因此，通过判断 u_d 的大小即可快速检测出电网电压的跌落与恢复。根据 u_d 的变化进行控制策略的切换，低电压穿越控制流程图如图 2-30 所示。

在图 2-30 中，根据 u_d 检测出电网电压对称跌落后，锁存此刻直流母线电压 u_{pv}，将控制环切换至电网跌落模式下的控制策略，电网电压 u_d 参与控制环路，为电网提供动态无功电流支撑；检测到电网电压恢复正常后，将跌落时刻的锁存值 u_{pv} 赋值给 MPPT 参考电压 u_{dcref}，提高 MPPT 的跟踪速度，提高母线电压调节的动态性能。

2. 不对称故障穿越策略

电网电压不对称故障时，对于三相三线制电网，电压存在正序、负序分量，不存在零序分量。电网电压、电流用空间矢量可以表示为

$$\begin{cases} \boldsymbol{u}_d=\boldsymbol{u}_d^++\boldsymbol{u}_d^- \\ \boldsymbol{u}_q=\boldsymbol{u}_q^++\boldsymbol{u}_q^- \\ \boldsymbol{i}_d=\boldsymbol{i}_d^++\boldsymbol{i}_d^- \\ \boldsymbol{i}_q=\boldsymbol{i}_q^++\boldsymbol{i}_q^- \end{cases} \qquad (2-12)$$

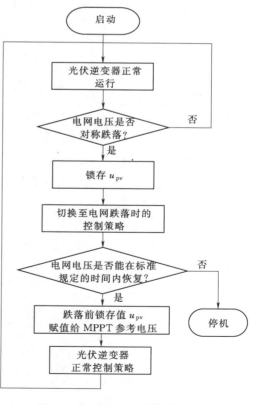

图 2-30　低电压穿越控制流程图

式中　u_d^+——电网电压正序有功分量；

$\quad\quad u_d^-$——电网电压负序有功分量；

$\quad\quad u_q^+$——电网电压正序无功分量；

$\quad\quad u_q^-$——电网电压负序无功分量；

$\quad\quad i_d^+$——并网电流正序有功分量；

$\quad\quad i_d^-$——并网电流负序有功分量；

$\quad\quad i_q^+$——并网电流正序无功分量；

$\quad\quad i_q^-$——并网电流负序无功分量。

若在正向 dq 旋转坐标系下，dq 轴电压可表示为

$$\begin{cases} u_d = u_d^+ + u_d^- \, \mathrm{e}^{-\mathrm{j}2\omega t} \\ u_q = u_q^+ + u_q^- \, \mathrm{e}^{-\mathrm{j}2\omega t} \\ i_d = i_d^+ + i_d^- \, \mathrm{e}^{-\mathrm{j}2\omega t} \\ i_q = i_q^+ + i_q^- \, \mathrm{e}^{-\mathrm{j}2\omega t} \end{cases} \quad\quad (2-13)$$

传统 PI 控制算法易导致电网电流存在二倍频分量。因此，根据式（2-13）得到并网逆变器的数学模型表达式为

$$\begin{cases} u_{\mathrm{r}d}^+ = u_d^+ + L\dfrac{\mathrm{d}i_d^+}{\mathrm{d}t} + ri_d^+ - \omega L i_q^+ \\[2mm] u_{\mathrm{r}q}^+ = u_q^+ + L\dfrac{\mathrm{d}i_q^+}{\mathrm{d}t} + ri_q^+ + \omega L i_d^+ \end{cases} \quad\quad (2-14)$$

$$\begin{cases} u_{\mathrm{r}d}^- = u_d^- + L\dfrac{\mathrm{d}i_d^-}{\mathrm{d}t} + ri_d^- + \omega L i_q^- \\[2mm] u_{\mathrm{r}q}^- = u_q^- + L\dfrac{\mathrm{d}i_q^-}{\mathrm{d}t} + ri_q^- - \omega L i_d^- \end{cases} \quad\quad (2-15)$$

式中　$u_{\mathrm{r}d}^+$——逆变器输出电压正序有功分量；

$\quad\quad u_{\mathrm{r}d}^-$——逆变器输出电压负序有功分量；

$\quad\quad u_{\mathrm{r}q}^+$——逆变器输出电压正序无功分量；

$\quad\quad u_{\mathrm{r}q}^-$——逆变器输出电压负序无功分量。

由式（2-14）、式（2-15）得到

$$\begin{cases} L\dfrac{\mathrm{d}i_d^+}{\mathrm{d}t} + ri_d^+ = u_{\mathrm{r}d}^+ - u_d^+ + \omega L i_q^+ = u_{\mathrm{r}d}'^+ \\[2mm] L\dfrac{\mathrm{d}i_q^+}{\mathrm{d}t} + ri_q^+ = u_{\mathrm{r}q}^+ - u_q^+ - \omega L i_d^+ = u_{\mathrm{r}q}'^+ \end{cases} \quad\quad (2-16)$$

$$\begin{cases} L\dfrac{\mathrm{d}i_d^-}{\mathrm{d}t} + ri_d^- = u_{\mathrm{r}d}^- - u_d^- - \omega L i_q^- = u_{\mathrm{r}d}'^- \\[2mm] L\dfrac{\mathrm{d}i_q^-}{\mathrm{d}t} + ri_q^- = u_{\mathrm{r}q}^- - u_q^- + \omega L i_d^- = u_{\mathrm{r}q}'^- \end{cases} \quad\quad (2-17)$$

若将 u'^+_{rd}、u'^-_{rd}、u'^+_{rq}、u'^-_{rq} 作为等效电流控制量，正负序 dq 轴电流是独立控制的，等效电流控制量 u'^+_{rd}、u'^-_{rd}、u'^+_{rq}、u'^-_{rq} 可通过电流 PI 控制器输出得到，即

$$\begin{cases} u^+_{rd} = k_P(i^{+*}_d - i^+_d) + k_I\displaystyle\int(i^{+*}_d - i^+_d)\mathrm{d}t + u^+_d - \omega L i^+_q \\ u^+_{rq} = k_P(i^{+*}_q - i^+_q) + k_I\displaystyle\int(i^{+*}_q - i^+_q)\mathrm{d}t + u^+_q + \omega L i^+_d \end{cases} \quad (2-18)$$

$$\begin{cases} u^-_{rd} = k_P(i^{-*}_d - i^-_d) + k_I\displaystyle\int(i^{-*}_d - i^-_d)\mathrm{d}t + u^-_d + \omega L i^-_q \\ u^-_{rq} = k_P(i^{-*}_q - i^-_q) + k_I\displaystyle\int(i^{-*}_q - i^-_q)\mathrm{d}t + u^-_q - \omega L i^-_d \end{cases} \quad (2-19)$$

因此，电网电压不对称跌落时，断开直流电压外环，采用双 dq、PI 电流单环控制。电网电压不对称跌落时双 dq、PI 控制框图如图 2-31 所示。

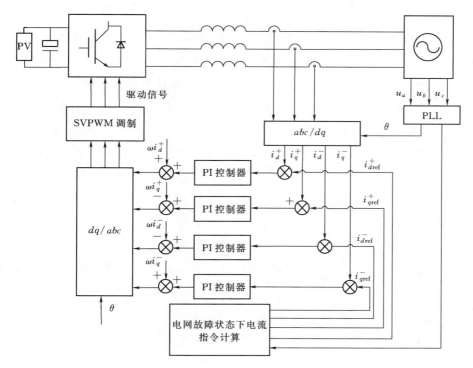

图 2-31 电网电压不对称跌落时双 dq、PI 控制框图

电网电压不对称跌落发生时，光伏发电系统的电流控制策略由正序 dq 坐标系下 PI 控制变为正负序 dq 坐标系下 PI 控制，其中必然涉及电流正负序分量的分离。然而对于目前文献中提到的正负序分离的方法如改进对称分量法、$T/4$ 延时法、陷波滤波器法等，均存在延时现象，使得控制策略切换瞬间处于不可控状态，严重影响光伏发电系统低电压穿越期间的暂态过程，增大调节时间，更严重者会造成网侧过流、冲击等现象。针对上述控制策略的缺点，摒弃对控制量电流的正负序分离，在 dq 正向旋转坐标

系下对电流进行 PIR 控制，电网电压不对称跌落时 PIR 控制框图如图 2-32 所示。

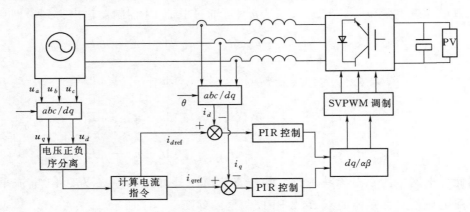

图 2-32 电网电压不对称跌落时 PIR 控制框图

因此，检测到电网电压发生不对称跌落故障后，记录此时直流侧电压 u_{dc} 与电流内环指令值 i_{d1}，同时切断直流电压外环，控制流程为：

（1）三相电网电压 u_a、u_b、u_c 经正序锁相环锁相后得到正序相角 θ，经坐标变换和电压正负序分离得到电网电压正序分量 u_d^+、u_q^+（其中 $u_q^+ = 0$），有功电流指令 i_{dref} 根据无功电流指令大小计算得到。

（2）根据电网电压正序分量跌落至额定值的百分比 h 计算逆变器无功电流参考值 i_{qref}，即

$$\begin{cases} i_{qref} = 0 & (h > 0.9) \\ i_{qref} = 1.5(0.9 - h)i_n & (0.2 \leqslant h \leqslant 0.9) \\ i_{qref} = 1.05 i_n & (h < 0.2) \end{cases} \qquad (2-20)$$

（3）考虑到逆变器自身的功率器件所能承受的最大电流限值，有功电流指令值为

$$i_{dref} = \min\{\sqrt{(1.1 i_n)^2 - i_{qref}^2}, i_{d1}\} \qquad (2-21)$$

（4）电流内环采用 PIR 调节器，经电流内环调节器输出的 dq 两相调制信号经坐标变换后，得到 $\alpha\beta$ 坐标系下调制波，采用 SVPWM 算法得到三相调制波，驱动三相逆变器工作。

（5）若电网电压在标准规定的时间内恢复正常，断开电网电压外环，采用电网电压正常时采用的直流电压外环、电流内环控制策略，同时将跌落时刻的直流电压指令值赋值给 MPPT 参考电压，即直流电压外环指令值 u_{dcref}，加快 MPPT 的跟踪速度，提高故障清除后逆变器的有功功率恢复速率。

2.4.3 高电压穿越能力实现

高电压故障是伴随着无功补偿装置的使用和特高压输电线路的建设而产生的。并

网点电压抬升易使能量由网侧向机侧倒送、逆变器脱离线性工作区进入过调制工作区运行，造成系统控制裕度下降，易触发系统过压和过流保护致使逆变器脱网。已有研究成果表明，在电网电压骤升期间，逆变器可通过增加无功电流输出或提升直流母线电压参考值来增加逆变器系统的控制裕度。

在电网电压正常时，逆变器工作于单位功率因数状态，直流母线电压在允许的安全限值内。高电压故障时，若仍维持单位功率因数运行，直流母线电压大幅度提高，可能造成直流母线电容电压超过其允许的电压安全限值，这是逆变器直流侧所不允许的。因此，高电压故障期间，可通过逆变器吸收感性无功电流。一方面可以为电网提供无功支撑，减缓电压抬升，帮助故障电网快速恢复；另一方面，改变网侧进线电感上的电压矢量，利用电感的分压作用减小逆变器直流侧以及功率器件所承受的电压，以此维持直流母线电压的稳定，使其正常工作。

当逆变器高电压穿越期间出现过调制时，可以通过抬升直流电压的方法来抑制，使系统在线性调制区内并网运行。假设正常并网运行时直流电压为 U_1，依据电网电压骤升幅度折算得到的直流电压为 U_2，直流开路电压为 U_0。直流电压抬升函数 ΔU 为

$$\begin{cases} \Delta U = 0, & U_2 < U_1 \\ \Delta U = U_2 + U_D - U_1, & U_1 < U_2 \leqslant U_0 \\ \Delta U = U_0 - U_1, & U_2 > U_0 \end{cases} \quad (2-22)$$

式中　ΔU——电压基准抬升的幅度；

U_D——依据逆变器自身特性设定的固定补偿值，用来提高电压抬升的裕量。

当 $U_2 < U_1$ 时，表明逆变器未出现过调制，可正常并网运行，当 $U_2 < U_1 \leqslant U_0$ 时，依据式（2-22）计算出直流电压抬升幅度 ΔU，叠加到当前电压环基准电压上，得出的 ΔU 为系统过调制区域的临界值。当 $U_2 > U_0$ 时，电压环基准电压为开路电压 U_0，逆变器并网电流为 0，以保证光伏逆变器控制稳定性。

2.5　光伏逆变器防孤岛保护

孤岛是指包含负荷和电源的部分电网，从主网脱离后继续孤立运行的状态。孤岛可分为非计划性孤岛和计划性孤岛。非计划性孤岛指的是非计划、不受控地发生孤岛；计划性孤岛指的是按预先配置的控制策略，有计划地发生孤岛。防孤岛是指防止非计划性孤岛现象的发生。

非计划性孤岛发生可能会产生严重的后果。电网断开后，光伏逆变器持续运行给本地负载供电，孤岛中的电压和频率无法控制；当电网重新恢复供电时，光伏逆变器与电网相位不同步将导致大的冲击电流，干扰电网的正常合闸过程可能导致配电系统及用

户端设备损坏。在计划停电检修区域内可能存在"孤岛"运行的分布式光伏发电系统，造成反送电，威胁检修人员人身安全。因此，光伏逆变器需具备防孤岛保护功能。

2.5.1　国内外技术要求

国内外并网技术标准均提出了光伏逆变器防孤岛保护的技术规定，并设计出具体的防孤岛保护测试电路和测试方法。然而，由于各国电网架构和运行要求不同，国际上对分布式光伏发电的孤岛保护动作时间的要求也不同。日本规定为 0.5～1s，德国标准 VDE‑AR‑N 4110：2018 规定分布式电源可按照网络运营商的需要配置防孤岛保护；德国 VDE‑AR‑N 4105：2018 规定防孤岛保护动作时间在 2s 内，但是异常电压穿越与有功‑频率响应的优先级高于防孤岛保护，在异常电压穿越期间，防孤岛保护可以暂时停止，若要保持孤岛检测处于激活状态则其不能对异常电压穿越与有功‑频率响应造成影响，且防孤岛保护动作时间在 9s 内；IEEE 1547—2018 标准规定，当检测出发生孤岛时，分布式电源可以中止故障穿越，从电网断开。但是，对实际上并不存在的孤岛，不能因错误检测而违背故障穿越的要求，防孤岛保护动作时间通常为 2s 内，特殊情况可与电网运营商协调，动作时间延长至 5s 内；我国 GB/T 29319—2012、GB/T 37408—2019 针对接入配电网的光伏逆变器，要求其具备快速检测孤岛且立即断开与电网连接的能力，防孤岛保护动作时间不大于 2s。防孤岛保护检测标准指标对比见表 2‑1。

表 2‑1　　　　　　　　　　防孤岛保护检测标准指标对比

标准号	品质因数 Q_f	防孤岛保护动作时间 t/s
IEC 62116—2014	1	<2
VDE‑AR‑N 4105：2018	1	<2（如有故障穿越和有功频率响应要求，可延长至 9s）
IEEE 1547—2018	—	<2（可延长至 5s）
GB/T 29319—2012	—	<2
GB/T 37408—2019	—	<2

2.5.2　防孤岛保护方法

光伏发电系统的防孤岛保护策略主要包括三大类：一是通过与配电网调度相互配合实现防孤岛保护；二是通过逆变器防孤岛保护策略；三是额外增加反孤岛装置实现孤岛保护。应用较多、技术较成熟的是后两类。

逆变器防孤岛保护策略主要是逆变器通过控制算法判断孤岛现象是否发生，不需要增加额外的设备。该类方法可分为被动式防孤岛保护方法和主动式防孤岛保护方法两类，逆变器防孤岛保护方法分类如图 2‑33 所示。

被动式防孤岛保护方法只需根据并网点电压、频率、相位或谐波等物理变量来判

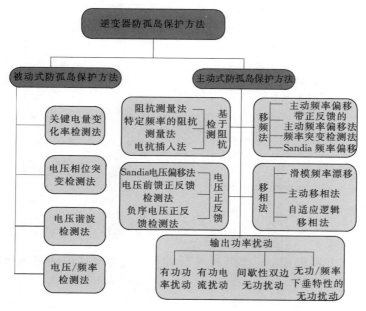

图 2 - 33　逆变器防孤岛保护方法分类

断孤岛现象是否发生。根据判定物理量的不同，被动式防孤岛保护方法主要分为关键电量变化率检测法、电压相位突变检测法、电压谐波检测法、电压频率检测法等。由于没有加入扰动量，被动式防孤岛检测方法对并网电流的电能质量没有影响，且多机并联时也不会因为相互干扰而造成检测效率下降，但是该类方法孤岛判定阈值难以选取，若选取阈值大，容易造成系统误判，若阈值较小，存在较大盲区。

由于被动式防孤岛保护方法存在的问题，主动式防孤岛保护方法逐渐被提出。主动式防孤岛保护方法在被动式防孤岛保护方法的基础上加入电压、相位、电流或功率等扰动量，根据光伏逆变器并网点对此扰动的响应特性来判断孤岛现象是否发生。这样即使负载完全平衡，也会由于扰动量加入而打破平衡，造成逆变器的关键检测物理量发生变化，检测出孤岛的产生。主动式防孤岛保护方法主要有主动频率偏移法、主动相位偏移法和功率扰动法等。

1. 主动频率偏移法

主动频率偏移法通过采样公共连接点处的频率，对频率进行偏移处理作为逆变器的输出电流频率，造成对公共连接点端电压频率的扰动，主动频率偏移法电流波形如图 2 - 34 所示。调整输出电流的频率使其比电压频率略高，若电流半波已完成而电压未过 0，则强制电流给定为 0，直到电压过零点到来，电流才开始下一个半波。当上一级电网断开后，公共点电压的频率受电流频率的影响而偏离原值，超过正常范围即可检测出孤岛。

U_{PCC} 为公共点电压，在并网运行时其大小即为电网电压，T_v 是对应的周期，i 为

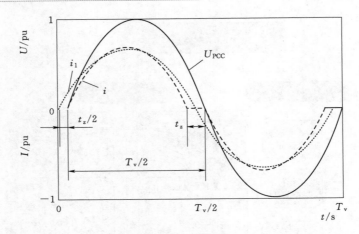

图 2-34 主动频率偏移法电流波形

光伏逆变器的输出并网电流，t_z 为电流截断时间，i_1 为电流 i 的基波分量。定义截断系数为

$$c_f = 2t_z / T_v$$

通过傅里叶分析可得基波分量 i_1 超前 i 的相位 $\omega t_z / 2$，其为主动移频角为 θ_{AFD}。

2. 主动相位偏移法

相对于主动频率偏移法，主动相位偏移法直接令输出电流波形提前或滞后一个相位，由该相位驱动系统频率向上或向下持续偏移。θ 为主动移相角，主动相位偏移法对逆变器输出电流的扰动可表示为

$$i = I \sin(2\pi f t + \theta) \tag{2-23}$$

主动相位偏移式孤岛检测示意图如图 2-35 所示。

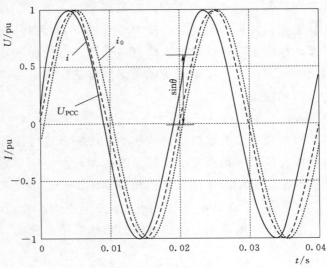

图 2-35 主动相位偏移式孤岛检测示意图

电网正常时，PCC 处电压频率和相位在电网的钳制作用下，扰动不起作用；电网断电后，相位正反馈扰动快速将 PCC 处电压频率推出正常范围值，从而检测出孤岛。

3. 功率扰动法

功率扰动法分为有功功率扰动法和无功功率扰动法，前者对逆变器输出电流的幅值进行扰动来改变有功功率输出，通过检测 PCC 处电压幅值变化来判断孤岛；后者对逆变器输出的无功功率进行扰动，通过检测 PCC 处频率变化来判断孤岛。

（1）有功功率扰动法。对于电流源控制型的逆变器，每隔一定时间，减少输出电流给定值，则改变其输出有功功率。当电网正常时，逆变器输出电压恒定为电网电压；当电网断电时，逆变器输出电压由负载决定。一旦到达扰动时刻，输出电流幅值改变，则负载上电压随之变化，即可检测到孤岛发生。

（2）无功功率扰动法。在该方式下逆变器不仅向电网输出有功功率，也提供一部分无功功率。并网运行时，负载端电压受电网电压钳制，而不受逆变器输出无功功率多少的影响。当系统进入孤岛状态时，一旦逆变器输出的无功功率和负载需求不匹配，负载电压幅值或者频率将发生变化。

除了逆变器自身具备的防孤岛保护算法外，在我国的分布式光伏发电系统中，还可通过反孤岛装置，向分布式电源并网点主动注入电压或频率扰动信号，消除逆变器设备自身防孤岛检测失效带来的安全隐患。

低压反孤岛装置是专门为电力检修或相关电力操作人员设计的一种用于防止分布式光伏发电系统的非计划孤岛运行的设备。其基于光伏发电的孤岛运行机理和防孤岛保护策略开发设计，由操作开关和扰动负载组成，低压反孤岛装置示意图如图 2-36 所示。低压反孤岛装置主要在 220V/380V 电网中使用，能够改变分布式光伏发电孤岛系统的功率平衡，破坏分布式光伏发电孤岛运行的条件，实现反孤岛功能，一般安装在分布式光伏发电系统送出线路电网侧，如配电变压器低压侧母线、箱式变压器低压母线、低压环网柜、380V 配电分支箱等处。

图 2-36 低压反孤岛装置示意图

反孤岛装置通过改变分布式光伏发电出力与负载之间的功率平衡，扰动其输出的电压与频率，引起过欠压或过欠频保护动作，能够破坏其孤岛运行。结合分布式光伏发电孤岛系统具有电压与负载有功功率相关、频率与无功功率相关的运行特性，低压反孤岛装置可由操作开关和电阻、电感或电容等扰动负载构成。具体可分为三类：

（1）阻性低压反孤岛装置：投入后引起分布式光伏发电系统过欠压保护动作，破坏其孤岛运行。

（2）感性低压反孤岛装置：投入后引起分布式光伏发电系统过欠频保护动作，破坏其孤岛运行。

（3）容性低压反孤岛装置：投入后引起分布式光伏发电系统过欠频保护动作，破坏其孤岛运行。

参考文献

[1] IEEE standard for interconnecting distributed resources with electric power systems：IEEE Std 1547 – 2018 [S]，2018.

[2] Generators connected to the low – voltage distribution network：VDE – AR – N 4105：2018 – 11 [S]，2018.

[3] Technical requirements for the connection and operation of customer installations to the high voltage network（TCR high voltage：VDE – AR – N 4120：2018 – 11）[S]，2018.

[4] 国家市场监督管理总局，中国国家标准化管理委员会. 光伏发电并网逆变器技术要求：GB/T 37408—2019 [S]. 北京：中国标准出版社，2019.

[5] 国家电网公司. Q/GDW 1617—2015 光伏发电站接入电网技术规定 [S]，2015.

[6] 中华人民共和国国家质量监督检验检疫总局，中国国家标准化管理委员会. 光伏发电站接入电力系统技术规定：GB/T 19964—2012 [S]. 北京：中国标准出版社，2012.

[7] 王书征，李先允，许峰. 不对称电网故障下级联型光伏并网逆变器的低电压穿越控制 [J]. 电力系统保护与控制，2019，47（13）：84 – 91.

[8] 熊浩，杜雄，孙鹏菊，籍勇亮. 三相并网变流器在电网不对称故障时的有功功率安全运行区域 [J]. 中国电机工程学报，2018，38（20）：6110 – 6118.

[9] 武小龙. 计及电网短路故障影响的光伏并网系统控制策略研究 [D]. 合肥：合肥工业大学，2019.

[10] 欧阳森，马文杰. 考虑电压故障类型的光伏逆变器低电压穿越控制策略 [J]. 电力自动化设备，2018，38（9）：21 – 26.

[11] 朱琳，徐殿国，马洪飞. 电网不平衡跌落时直驱风电系统网侧变换器控制 [J]. 电工技术学报. 2007，22（1）：101 – 106

[12] Redfern M A，Usta O，Fielding G. Protection against loss of utility grid supply for a dispersed storage and generation unit [J]. IEEE Transactions on Power Delivery. 1993，8（3）：948 – 954

[13] 孙丽玲，王艳娟. 基于改进控制策略与动态无功支撑相结合的高电压穿越方法研究 [J]. 电机与控制应用，2018，45（5）：35 – 41.

[14] 郑重，耿华，杨耕. 新能源发电系统并网逆变器的高电压穿越控制策略 [J]. 中国电机工程学报，2015（6）：1463 – 1472.

[15] 郑晓杰. 三相并网逆变器高电压穿越控制研究 [D]. 秦皇岛：燕山大学，2016.

[16] 徐斯锐. 双馈风力发电变流器控制策略及低/高电压穿越技术研究 [D]. 上海：上海电机学院，2016.

[17] 石权利. 电网电压骤升下双馈风力发电机网侧变流器控制策略的研究 [D]. 合肥：合肥工业大学，2013.

[18] 曹仁贤，张兴，屠运武，等. 一种网侧变流器控制方法和系统：CN103311957A [P]. 2013 – 09 –18.

[19] 姚为正，徐明明，刘刚，等. 一种双馈型风力发电机高压穿越控制方法：CN103227477A [P]. 2013 – 07 – 31.

[20] 杨磊. 分布式光伏发电并网低压反孤岛技术的研究及应用 [D]. 南京：南京师范大学，2014.

［21］ 冯炜，林海涛，张羽. 配电网低压反孤岛装置设计原理及参数计算 ［J］. 电力系统自动化，2014，38（2）：85-90.

［22］ 吴盛军，徐青山，袁晓冬，李强，柳丹. 光伏防孤岛保护检测标准及试验影响因素分析 ［J］. 电网技术，2015，39（4）：924-931.

第 3 章

光 伏 逆 变 器 效 率

光伏发电效率直接影响光伏发电系统的投资收益，如何使光伏阵列充分利用接收到的太阳辐射能量获得最大输出功率，提高光伏发电系统整体能量转换比例，增加收益，是光伏行业长期关注的焦点。

光伏逆变器作为光伏发电系统的核心设备，对于系统效率至关重要。光伏逆变器功能复杂多样，主要涉及效率的功能有光伏阵列 MPPT 功能和直流到交流的转换功能，对应的效率指标分别为 MPPT 效率和转换效率。另外根据光伏逆变器应用地区的辐照度资源分布规律，还需考核其在应用地区的加权效率（如中国效率、欧洲效率和加州效率等）。

3.1　光伏逆变器效率定义及指标

光伏逆变器效率直接关系到光伏发电系统的发电性能，本节主要叙述光伏逆变器跟踪效率（包括静态跟踪效率和动态跟踪效率）、转换效率和平均加权总效率的定义和相关指标计算方法，以及平均加权总效率中权值的计算方法。

3.1.1　跟踪效率

在外部条件（主要是辐照度和温度）一定的情况下，光伏发电系统中光伏电池的输出特性是确定的，其输出电流、功率与光伏电池端电压成非线性关系，光伏电池 I-U 特性曲线和 P-U 特性曲线如图 3-1 所示。

从图 3-1 中可以看出光伏电池的最佳工作点为端电压为 U_m 的点，因此光伏系统应当寻找到光伏电池的最佳工作点，以最大限度地将光能转化为电能，寻找过程即为MPPT，该过程由光伏逆变器实现。为了描述和考核光伏逆变器 MPPT 的能力，定义了跟踪效率。

光伏电池的输出特性和辐照度、温度呈强相关性，其输出特性会随着辐照度和温度的变化而变化。随着辐照度增强，光伏电池的短路电流和开路电压均随之变大，其

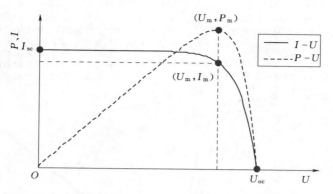

图 3-1　光伏电池 $I-U$ 特性曲线和 $P-U$ 特性曲线

中，短路电流随辐照度增强而线性变大，开路电压的变化比例则是越来越小，最大功率也随着辐照度的增强而变大，但其增量主要由电流增量带来，最大工作点电压变化并不明显，辐照度对光伏电池输出特性的影响如图 3-2 所示。随着温度的升高，光伏电池的短路电流增大，开路电压减小，其中开路电压的变化幅度较短路电流的大，光伏电池输出功率随着温度升高时而逐渐降低，最大工作点电压有显著变化，温度对光伏电池输出特性的影响如图 3-3 所示。

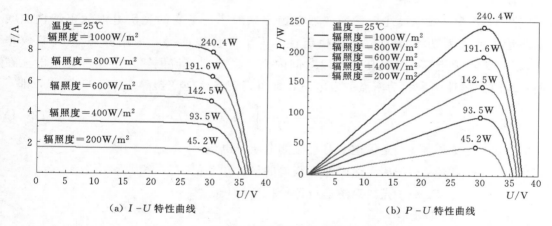

（a）$I-U$ 特性曲线　　　　　　　（b）$P-U$ 特性曲线

图 3-2　辐照度对光伏电池输出特性的影响

综上所述，当外界环境不变或者缓慢变化时，尤其是温度保持稳定时，在一定时间尺度内光伏电池的输出特性基本稳定，即最大功率点电压稳定。在此情况下，需要逆变器具备控制光伏电池端电压持续稳定在最大功率点电压的能力，该过程即为静态跟踪，对应的考核指标定义为静态 MPPT 效率。

当外界环境变化时，光伏电池的输出特性也随之变化，尤其是温度有较大变化时，光伏电池最大功率点电压会反向变化，且变化较大。在此情况下，需要逆变器具备控制光伏电池端电压快速寻找到新的最大功率点电压的能力，该过程称为动态跟

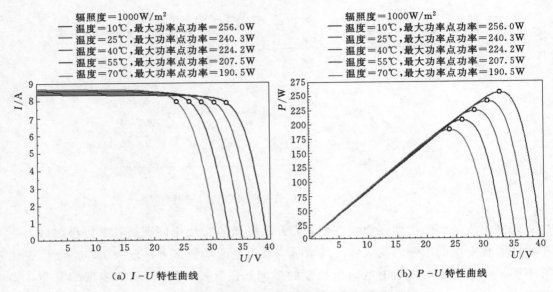

（a）I-U 特性曲线　　　　　　　　　　　（b）P-U 特性曲线

图 3-3　温度对光伏电池输出特性的影响

踪，对应的考核指标定义为动态 MPPT 效率。

1. 静态 MPPT 效率

静态 MPPT 效率描述光伏逆变器在稳定（静态）不变的光伏电池输出特性曲线上调整达到最大功率点的精度和稳定性，为了评价该能力，采用静态 MPPT 效率 η_{MPPtstat} 作为评价指标。通过比较一段时间内光伏逆变器直流侧输入电量和光伏电池在同一段时间内理论最大功率点的发电量，即可得到光伏逆变器静态 MPPT 效率，即

$$\eta_{\text{MPPtstat}} = \frac{1}{P_{\text{MPP,PVS}} T_{\text{M}}} \int_0^{T_{\text{M}}} u_{\text{A}}(t) i_{\text{A}}(t) \, \mathrm{d}t \tag{3-1}$$

式中　$u_{\text{A}}(t)$、$i_{\text{A}}(t)$——光伏逆变器直流侧电压、电流；

　　　$P_{\text{MPP,PVS}}$——从光伏电池可获得的最大功率值；

　　　T_{M}——光伏系统运行评价持续时长。

2. 动态 MPPT 效率

动态 MPPT 效率描述由外界环境（辐照度和温度）变化导致光伏电池输出特性曲线变化后，逆变器寻找到新曲线最大功率点的追踪特性。外部环境的突然变化可能会使 MPPT 控制出现错拍等情况，造成逆变器额外的效率损耗。为评价在外界环境变化情况下逆变器的跟踪性能，设置动态 MPPT 效率指标。通过比较一段时间内光伏逆变器直流侧输入电量和光伏电池在同一段时间内随外界环境变化而变化的理论最大功率点发电量，即可得到光伏逆变器动态 MPPT 效率，即

$$\eta_{\text{MPPtdyn}} = \frac{1}{\int_0^{T_{\text{M}}} P_{\text{MPP,PVS}}(t) \, \mathrm{d}t} \int_0^{T_{\text{M}}} u_{\text{A}}(t) i_{\text{A}}(t) \, \mathrm{d}t \tag{3-2}$$

式中　$u_A(t)$、$i_A(t)$——光伏逆变器直流侧电压、电流;

$\qquad\qquad P_{MPP,PVS}$——从光伏电池可获得的最大功率值,在时间维度上随外界环境变化而变化;

$\qquad\qquad T_M$——光伏系统运行评价持续时长。

3.1.2　转换效率

光伏逆变器转换效率与逆变器功率器件损耗、无元器件损耗、逆变器拓扑结构及调制方式等有关。光伏逆变器的转换效率 η_{cov} 是用于评价光伏逆变器将直流功率转换为交流功率的能力,是指光伏逆变器在稳态运行情况下同一时段内的交流端口输出能量与直流端口输入能量的比值,即

$$\eta_{cov} = \frac{\int_0^{T_M} U_{AC}(t) I_{AC}(t)\,\mathrm{d}t}{\int_0^{T_M} U_{DC}(t) I_{DC}(t)\,\mathrm{d}t} \qquad\qquad (3-3)$$

式中　U_{AC}、I_{AC}——光伏逆变器交流电压、电流;

$\qquad\qquad U_{DC}$、I_{DC}——光伏逆变器直流电压、电流。

3.1.3　平均加权总效率

光伏逆变器在不同功率段运行的转换效率和跟踪效率差别较大,在指定地区不同辐照度区间对应的持续辐照小时数不同,即不同辐照度区间的辐照量在全年总辐照量中的占比也不同。由于辐照度和光伏逆变器的运行功率直接相关,因此,为了评价光伏逆变器在指定地区全年运行过程中其发电效率(跟踪效率和转换效率之积)的优劣,必须考虑光伏逆变器在该地区不同功率段的运行占比,即考虑不同功率段的权重系数(加权系数)。

加权系数的计算方法是根据目标地区一年的太阳辐照度数据,统计出该地区不同功率区间的年累计发电量,再计算出每个功率区间的发电量与年总发电量之比。功率区间的选取原则是在确定功率点之后,尽量选取中间值作为统计区间切换点,同时保证每个统计区间的平均光照强度接近功率分档点。比如针对 50% 的点,选取上下切换点分别为 35% 与 65%,以保证 50% 统计区间的平均光照接近于 $500\mathrm{W/m^2}$。计算这些区间内平均辐照度 I_{mean-i} 以及这些辐照度所累积的时间 t_i,得到该地区不同辐照等级下的累计能量 I_{sum-i},即

$$I_{sum-i} = I_{mean-i} t_i \qquad\qquad (3-4)$$

计算在测试时间段内当地总辐照累计能量 I_{sum},即

$$I_{sum} = \sum_{i=1}^{n} I_{sum-i} \qquad\qquad (3-5)$$

根据式（3-4）及式（3-5）即可求出不同辐照等级下的能量占比，即

$$\alpha_i = \frac{I_{\text{sum}-i}}{I_{\text{sum}}} \tag{3-6}$$

将计算得的能量占比进行取整，则得到加权系数 $\alpha_{\text{EUR\_CEC}\_i}$。有了加权系数，即可求得目标地区光伏逆变器的加权效率 $\eta_{\text{inverter-all}}$，即

$$\eta_{\text{inverter-all}} = \sum_{i=1}^{n} \alpha_{\text{EUR\_CEC}\_i} \eta_{\text{mean}-i} \tag{3-7}$$

式中 $\alpha_{\text{EUR\_CEC}\_i}$——目标地区的效率系数；

$\eta_{\text{mean}-i}$——对应功率点的逆变器跟踪效率和转换效率之积。

目前，欧洲、美国加州和中国都已经制定了相关技术标准或法规，如《并网光伏逆变器总效率》（*Overall efficiency of grid connected photovoltaic inverters*）（EN50530—2010）中提到了欧洲加权效率和加州加权效率，《光伏并网逆变器中国效率技术条件》（CGC GF 035：2013）中提到了中国加权效率。欧洲效率、加州效率与中国效率分别基于德国慕尼黑地区、美国加州地区以及中国辐照资源分布特征提出，光伏逆变器欧洲效率、加州效率以及中国效率测试功率等级与系数见表3-1。

表 3-1　　　光伏逆变器欧洲效率、加州效率以及中国效率测试功率等级与系数

功率等级 $P_{\text{MPP,PVS}}/P_{\text{DC,r}}$	MPP＿1	MPP＿2	MPP＿3	MPP＿4	MPP＿5	MPP＿6	MPP＿7
	0.05	0.1	0.2	0.3	0.5	0.75	1
欧州效率系数	α_{EU_1}	α_{EU_2}	α_{EU_3}	α_{EU_4}	α_{EU_5}	α_{EU_6}	α_{EU_7}
	0.03	0.06	0.13	0.1	0.48	—	0.2
加州效率系数	α_{CEC_1}	α_{CEC_2}	α_{CEC_3}	α_{CEC_4}	α_{CEC_5}	α_{CEC_6}	α_{CEC_7}
	—	0.04	0.05	0.12	0.21	0.53	0.05
中国效率系数	$\alpha_{\text{CGC-1}}$	$\alpha_{\text{CGC-2}}$	$\alpha_{\text{CGC-3}}$	$\alpha_{\text{CGC-4}}$	$\alpha_{\text{CGC-5}}$	$\alpha_{\text{CGC-6}}$	$\alpha_{\text{CGC-7}}$
	0.02	0.03	0.06	0.12	0.25	0.37	0.15

根据上述方法，以德国慕尼黑地区的辐照度数据为基础，求得德国慕尼黑地区加权系数与实际欧洲效率中所给出的权重系数进行比对，德国慕尼黑地区光照资源分布与欧洲效率权重见表3-2。

表 3-2　　　　　　　德国慕尼黑地区光照资源分布与欧洲效率权重

负载点 /%	范围 /%	时间/h	平均辐照强度 /(W/m²)	累计能量 /(Wh/m²)	能量 占比/%	取整权重	欧洲效率 权重	偏差
5	0.1～7.5	954	37.01	35308	0.0308	0.03	0.03	0
10	7.51～14.99	718	110.14	79081	0.0691	0.07	0.06	＋0.01
20	15～24.99	747	197.11	147241	0.1286	0.13	0.13	0
30	25～34.99	556	298.5	165966	0.1449	0.14	0.1	＋0.04

负载点/%	范围/%	时间/h	平均辐照强度/(W/m²)	累计能量/(Wh/m²)	能量占比/%	取整权重	欧洲效率权重	偏差
50	35~64.99	1084	481.17	521588	0.4555	0.46	0.48	−0.02
100	>65	268	730.6	195801	0.171	0.17	0.2	−0.03
总计	—	4327	309.1	1144985	—	1	1	0.1

选取美国洛杉矶地区与达拉斯地区一年的辐照强度,求得美国洛杉矶、达拉斯地区加权系数与实际加州效率中所给出的权重系数进行比对,美国洛杉矶、达拉斯地区光照资源分布与加州效率权重见表3-3。

表3-3　　　　　　美国洛杉矶、达拉斯地区光照资源分布与加州效率权重

负载点/%	负载范围/%	达拉斯权重	洛杉矶权重	平均值	取整	加州效益权重	偏差
光照能量/(kWh/年×m²)	1854	1924	1889	—	—	—	
10	0.01~15	0.03	0.03	0.03	0.03	0.04	−0.01
20	15.01~25	0.06	0.05	0.055	0.05	0.05	0
30	25.01~40	0.13	0.12	0.125	0.13	0.12	−0.01
50	40.01~57	0.22	0.22	0.22	0.22	0.21	−0.01
75	57.01~92.5	0.50	0.52	0.510	0.51	0.53	0.02
100	>92.5	0.06	0.06	0.060	0.06	0.05	−0.01
总计	—	1855	1925	—	1	1	0.00

选取我国敦煌、嘉峪关、格尔木以及哈密地区一年的辐照强度,求得对应地区加权系数与实际中国效率中所给出的权重系数进行比对,敦煌、嘉峪关、格尔木以及哈密地区光照资源分布与中国效率权重见表3-4。

表3-4　　　　敦煌、嘉峪关、格尔木以及哈密地区光照资源分布与中国效率权重

负载点	负载加权范围	敦煌	嘉峪关	格尔木	哈密	平均值	权重	中国效率权重	偏差
光照能量/(kWh/年×m²)	2030.8	2072.5	2240	1880.6	2056.0	—	—		
5	0.1~7.5	0.02	0.02	0.01	0.01	0.014	0.01	0.02	−0.01
10	7.51~15	0.04	0.04	0.02	0.02	0.031	0.03	0.03	0
20	15.01~25	0.07	0.08	0.05	0.04	0.059	0.06	0.06	0
30	25.01~40	0.16	0.14	0.10	0.11	0.13	0.13	0.12	0.01
50	40.01~62	0.26	0.29	0.24	0.22	0.252	0.25	0.25	0
75	62.01~87.5	0.37	0.33	0.40	0.40	0.377	0.38	0.37	0.01
100	87.51~100	0.08	0.09	0.18	0.21	0.140	0.14	0.15	−0.01
总计	—	1	1	1	1	1	1	1	

由以上对比分析可看出,各地区的计算结果和对应本地效率标准中给出的权值极

为接近，但也有少许差别，其原因是计算结果为不完全统计，没有完全包括效率标准中所覆盖的全部地域。

在实际工程中进行加权效率评估，还需要根据逆变器直流侧的配置情况，考虑其直流侧不同的运行电压，在每个直流侧电压下，其加权过程和上述相同。

3.2 光伏逆变器损耗机理与优化

光伏逆变器效率受逆变器所用拓扑结构、控制方法、调制方式以及关键元器件影响，呈现较大差别。当前光伏逆变器软硬件技术还在快速更新中，不同技术路线的适用场景不一，难以进行统一量化比较，本节主要对影响光伏逆变器效率的通用机理进行分析，重点对 MPPT 控制损耗、功率器件损耗和无源器件损耗三个方面进行分析。

3.2.1 光伏逆变器 MPPT 控制损耗及优化

MPPT 的本质是使光伏电池的输出阻抗等于负载阻抗。光伏逆变器的 MPPT 控制可有效提升光伏系统效率，但是任何一种控制方法都不可能在第一时间准确寻优到最大功率点，因此，仍会有一定程度的能量损耗。MPPT 控制方法很多，如开环的定电压跟踪法、扰动观察法、电导增量法和一些智能跟踪算法等，以目前具有代表性的扰动观测法为例来分析光伏逆变器的 MPPT 损耗。

扰动观测法基本思想是：首先扰动光伏电池的端电压或输出电流，然后观测光伏电池输出功率的变化，根据功率变化的趋势再调整扰动的方向，逐步使光伏电池工作在最大功率点。

扰动观测法的寻优过程可以简述为：假设光强、温度等环境条件不变，并设 U、I 为上一次光伏阵列的电压、电流检测值，P 为对应输出功率，U_1、I_1 为当前光伏阵列的电压、电流检测值，P_1 为对应的输出功率，ΔU 为电压调整步长，$\Delta P = P_1 - P$ 为电压调整前后的输出功率差，扰动观测法 MPPT 过程示意如图 3-4 所示。

(1) 当增大参考电压 $U(U_1 = U + \Delta U)$ 时，若 $P_1 > P$，表明当前工作点在最大功率点的左侧，此时系统应保持增大参考电压的扰动方式，即 $U_2 = U_1 + \Delta U$，其中 U_2 为第二次调整后的电压值，如图 3-4 (a) 黑色虚线所示。

(2) 当增大参考电压 $U(U_1 = U + \Delta U)$ 时，若 $P_1 < P$，表明当前工作点位于最大功率点的右侧，此时系统应采取减小参考电压的扰动方式，即 $U_2 = U_1 - \Delta U$，如图 3-4 (a) 红色虚线所示。

(3) 当减小参考电压 $U(U_1 = U - \Delta U)$ 时，若 $P_1 > P$，表明当前工作点最大功率点的右侧，系统应保持减小参考电压的扰动方式，即 $U_2 = U_1 - \Delta U$，如图 3-4 (b) 黑色虚线所示。

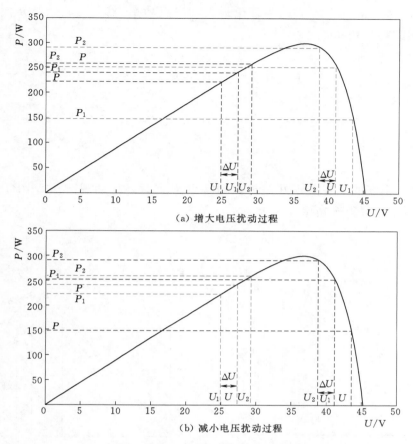

图 3-4　扰动观测法 MPPT 过程示意

（4）当减小参考电压 $U(U_1=U-\Delta U)$ 时，若 $P_1<P$，表明当前工作点位于最大功率点的左侧，此时系统应采取增大参考电压的扰动方式，即 $U_2=U_1+\Delta U$，如图 3-4（b）红色虚线所示。

按照上述过程进行若干次扰动，使光伏电池输出功率逐渐逼近最大值，但是当接近最大功率点附近时，下一次的扰动可能会出现越过最大功率点的情形，造成在最大功率点两侧往复运动的振荡现象。另外当外界环境发生变化时，光伏电池输出功率特性曲线发生改变，会造成误判。例如当前工作电压在最大功率点的左侧，电压向右扰动为正确方向，若此时辐照度大幅度下降，造成功率减小，就会使算法误判为电压扰动方向。

为了更好地理解 MPPT 损耗，对扰动观测法（定步长）的振荡进行分析，假设当前工作点位于最大功率点左侧，记为 P_1。第一次扰动后系统工作点 $P_2(U_2)$ 将位于最大功率点 $P_{\max}$ 右侧，P_2 在 $P_{\max}$ 左边时扰动观测法 MPPT 损耗分析如图 3-5 所示。

根据 P_2 与 P_1 的关系，可以得到扰动观测法 MPPT 跟踪损耗 P_{loss}。其中 P_i 为光

伏逆变器第 i 次跟踪功率，P_{max} 为理论最大功率点功率，$P_{(n)m}$ 表示第 n 次跟踪功率与第 m 次跟踪功率相同。

若 $P_2 < P_1$，则

$$P_{loss} = 3P_{max} - P_2 - P_{(1)3} - P_4 \tag{3-8}$$

若 $P_2 > P_1$，则

$$P_{loss} = 3P_{max} - P_1 - P_{(2)5} - P_6 \tag{3-9}$$

若 $P_2 = P_1$，则

$$P_{loss} = 3P_{max} - P_1 - P_2 \tag{3-10}$$

当调整后系统的工作点正好是最大功率点 P_{max} 时，扰动观测法 MPPT 损耗分析如图 3-6 所示。可得到功率损失为

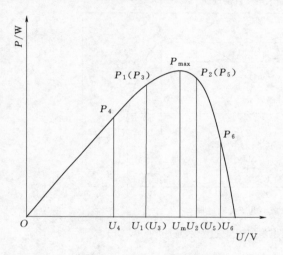
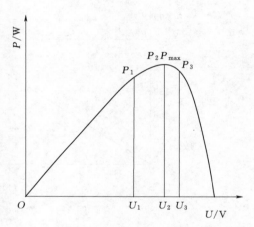

图 3-5　P_2 在 P_{max} 左边时扰动观测法 MPPT
损耗分析

图 3-6　P_2 为 P_{max} 时扰动观测法 MPPT
损耗分析

$$P_{loss} = 2P_{max} - P_1 - P_3 \tag{3-11}$$

当外部环境变化时，光伏阵列 P-U 曲线的变化会导致光伏逆变器产生误判。外部环境发生变化时光伏阵列功率曲线的变化如图 3-7 所示。其中，曲线 1 为辐照度较低时光伏阵列功率曲线，曲线 2 为辐照度较高时光伏阵列功率曲线。其中 $(U_{1m}$，$P_{1m})$、$(U_{2m}$，$P_{2m})$ 分别为曲线 1 和曲线 2 的最大功率点。外部环境发生变化后，共有 4 种可能的逆变器最大功率点跟踪，分别如下：①逆变器变化前的工作点在曲线 1 上最大功率点 $(U_{1m}$，$P_{1m})$ 的左侧，P-U 曲线由曲线 1 变化到曲线 2；②逆变器变化前的工作点在曲线 1 上最大功率点 $(U_{1m}$，$P_{1m})$ 的右侧，P-U 曲线由曲线 1 变化到曲线 2；③逆变器变化前的工作点在曲线 2 上最大功率点 $(U_{2m}$，$P_{2m})$ 的左侧，功率曲线由曲线 2 变化到曲线 1；④逆变器变化前的工作点在曲线 2 上最大功率点 $(U_{2m}$，$P_{2m})$ 的右侧，P-U 曲线由曲线 2 变化到曲线 1。

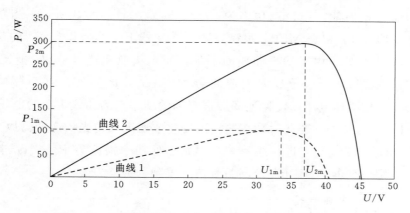

图3-7 外部环境发生变化时光伏阵列功率曲线的变化

①、②两种情况为需扰动方向和功率变化趋势一致，对光伏逆变器 MPPT 控制并无影响；③、④两种情况为需扰动方向和功率变化趋势相反，会使扰动观测法误判，因此下面着重分析③、④两种情况。

逆变器变化前的工作点在曲线 2 上最大功率点（U_{2m}，P_{2m}）的左侧，记该点为（U_1，P_1），如图 3-8 所示。当功率曲线由曲线 2 变化到曲线 1，根据 MPPT 跟踪算法，逆变器下一步应以 ΔU 的步长变化到功率点（U_2，P_2）处。由于功率曲线的下降，当光伏逆变器增大 ΔU 步长至 U_2 时，其功率落在曲线 1 上电压 U_2 所对应的功率点（U_2，P_3）处，由于 $P_1 > P_3$，则逆变器会以 $-\Delta U$ 步长减小电压，使得逆变器搜索到的功率点为曲线 1 上的电压 U_1 所对应的功率点（U_1，P_4）处。若此时功率曲线不变化或增大，则光伏逆变器以（U_1，P_4）为新起点往（U_{1m}，P_{1m}）点进行跟踪，在误判点处功率损失为 $P_3 - P_4$；若此时辐照度持续变小，则逆变器的 MPPT 控制系统持续误判，最终失效。

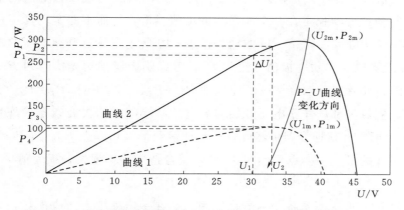

图3-8 逆变器变化前的工作点在曲线 2 最大功率点左侧的情况

功率曲线由曲线 2 变化到曲线 1，逆变器变化前的工作点在曲线 2 上最大功点（U_{2m}，P_{2m}）的右侧，记该点功率为（U_1，P_1），如图 3-9 所示。当功率曲线由曲线 2 变化到曲线 1，根据 MPPT 跟踪算法，逆变器下一步应以 $-\Delta U$ 的步长变化到功率点（U_2，P_2）处。由于功率曲线的下降，当光伏逆变器以 $-\Delta U$ 步长减小至 U_2 时，其功率落在曲线 1 上电压 U_2 所对应的功率点（U_2，P_3）处，由于 $P_1 > P_3$，则逆变器会以 ΔU 步长增加电压，使得逆变器搜索到的功率点为曲线 1 上的电压 U_1 所对应的功率点（U_1，P_4）处。若此时功率曲线不变化或增大，则光伏逆变器以（U_1，P_4）为新起点往（U_{1m}，P_{1m}）点进行跟踪，在误判点处功率损失为 $P_3 - P_4$；若此时辐照度持续变小，则逆变器的 MPPT 控制系统持续误判，最终失效。

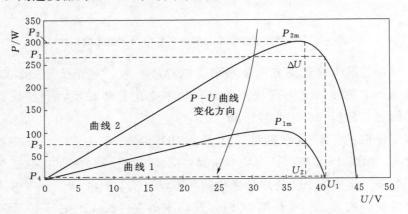

图 3-9　逆变器变化前工作点在曲线 2 最大功率点右侧的情况

从上述分析可知，基于算法自身振荡的损失以及外部环境变化造成的误判跟踪损失，均为 MPPT 过程中扰动错误造成的。

在光伏发电系统实际运行过程中，由于建筑周围存在树木、电线杆、电缆等遮挡物，会使得光伏阵列产生局部阴影，导致输出功率曲线上出现多极值点的情况，常规 MPPT 算法将使逆变器稳定在某个非最大的极值点上，从而不能实现真正意义上的最大功率跟踪。光伏阵列多峰 $P-U$ 曲线如图 3-10 所示，靠近开路电压的功率极值点记为 P_1，靠近零电压的功率极值点记为 P_2，考虑阴影遮挡对光伏阵列 $P-U$ 曲线的影响，光伏阵列共有三种双峰 $P-U$ 曲线即 $P_1 > P_2$、$P_1 < P_2$ 和 $P_1 = P_2$。普通光伏逆变器 MPPT 控制算法都从开路电压开始向着电压减小的方向去搜索光伏阵列最大功率点。当 $P_1 \geqslant P_2$ 时，光伏逆变器仍然可以正确搜索到最大功率点 P_1；当 $P_1 < P_2$ 时，光伏逆变器所跟踪的最大功率点仍然在 P_1 处，就会造成功率损失，损失值 P_{loss} 为

$$P_{loss} = P_2 - P_1 \tag{3-12}$$

因此，MPPT 算法不具备全局寻优能力，会在一定程度上造成损耗，尤其在多遮挡环境下运行的光伏发电系统。

在现有技术条件下，所有的 MPPT 算法在实际应用中都是离散化而非连续的处

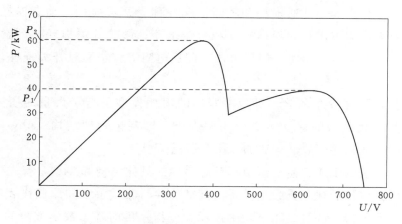

图 3-10 光伏阵列多峰 P-U 曲线($P_1 < P_2$)

理，即扰动是按照一定步长进行阶跃扰动，且终止条件判断也是通过一定的阈值范围来确定的，因此通常情况下都不可能跟踪到理论上的最大值。

在前述分析的基础上可知，优化 MPPT 损耗需从解决振荡、误判、缩短寻优过程、避免局部最优、提高寻优精度和提高在最大功率点运行的稳定性等方面入手，可以通过变步长、加入环境量检测输入和滞环比较等手段来解决寻优过程中的振荡和误判问题，通过选择合理的寻优起点缩短寻优过程，通过全局寻优极值点记录比较等避免局部最优，通过缩小终止条件阈值范围和在寻优过程中随功率增量减小而减小扰动量等方法提高寻优精度，通过减少达到最大功率点后的扰动次数和范围来提高在最大功率点运行的稳定性。具体的实现过程各有不同，需要根据实际设备情况，单一应用或者综合应用，减少光伏逆变器的 MPPT 损耗。

3.2.2　光伏逆变器电能转换损耗及优化

光伏逆变器主功率回路的关键部件包括功率器件（IGBT 或 MOSFET）、直流电容、电感、滤波电容等，由于现实中不存在完全理想的元器件，元器件在其主特征参数外还伴随着寄生参数，功率器件的开关过程也无法完全和理想阶梯波工况一致，光伏逆变器在实现电能转换的同时，还会有一部分能量损耗在上述部件中。

3.2.2.1　功率器件损耗

功率器件是光伏逆变器的核心部件，其损耗情况将直接影响逆变器整体效率。目前，在光伏逆变器中主要使用的功率器件为 IGBT 与 MOSFET。IGBT 导通电阻低、开关速度快、耐高压且易于驱动，多用于大功率机型。MOSEFT 器件因其通态压降较低、开关频率较高，多用于小功率机型中；本书主要针对 IGBT 器件及其反并联二极管损耗进行分析，MOSFET 器件损耗的分析方法与其类似。

IGBT 器件及其反并联二极管的功率损耗可分为开通损耗、导通损耗（静态损耗）

和关断损耗三部分。其中开通损耗和关断损耗合称为开关损耗（动态损耗）。影响导通损耗的主要因素为 IGBT 的导通压降和负载电流；影响开关损耗的因素较为复杂，如负载电流、母线电压、结温、门极电压、门极电阻等，它们对开关损耗均存在不同程度的影响。

迄今为止，国内外许多学者对功率器件的损耗模型进行了大量的研究，综合来看，功率器件损耗模型的建立主要分为两大类，即基于物理结构（physics – based）的 IGBT 损耗模型和基于数学方法的 IGBT 损耗模型。

基于数学方法的 IGBT 损耗模型不考虑器件的具体结构和类型，首先寻找与功耗有关的影响因素，然后建立其数量关系。其准确性与测试手段和测试代表数据有很大关系，其计算速度快，并且易用于功率损耗的分析。目前基于数学方法的 IGBT 损耗模型主要有数据插值法、多项式法和指数法等。

1. 导通损耗

功率器件的导通损耗可以表示为

$$P_{\mathrm{con\_T}} = \frac{1}{T}\int_0^T u_{\mathrm{on}}(t) i_{\mathrm{on}}(t)\mathrm{d}t \tag{3-13}$$

式中　$P_{\mathrm{con\_T}}$——功率器件的导通损耗；

　　　u_{on}——功率器件的导通压降；

　　　i_{on}——导通电流。

在 IGBT 工作过程中，导通压降受电流影响较大，可将导通电压表示成为 IGBT 饱和压降与一个与电流有关的动态电压之和。因此式（3-13）可以表示为

$$P_{\mathrm{con\_T}} = \frac{1}{T}\int_0^T \left[U_{\mathrm{ceo}} + R_{\mathrm{on}} i_{\mathrm{on}}(t)\right] i_{\mathrm{on}}(t)\mathrm{d}t \tag{3-14}$$

式中　U_{ceo}——IGBT 基准通态压降；

　　　R_{on}——IGBT 通态内阻。

对功率开关器件反并联二极管可采用相同的分析方法，功率器件反并联二极管损耗可以表示为

$$P_{\mathrm{con\_d}} = \frac{1}{T}\int_0^T \left[U_{\mathrm{ceo\_d}} + R_{\mathrm{on\_d}} i_{\mathrm{d}}(t)\right] i_{\mathrm{d}}(t)\mathrm{d}t \tag{3-15}$$

式中　$U_{\mathrm{ceo\_d}}$——二极管基准通态电压；

　　　$R_{\mathrm{on\_d}}$——二极管通态内阻；

　　　i_{d}——二极管通态电流。

由式（3-14）及式（3-15）可以看出，功率器件及反并联二极管的导通损耗与两者的基准通态电压、导通内阻密切相关，除此之外，功率器件及反并联二极管的导通时间也是决定通态损耗的一个重要因素。

2. 开关损耗

（1）二极管开关损耗。二极管的开通与关断都会伴随着功率损耗，目前应用较多的二极管大多为快速二极管，其开通损耗很小，与关断损耗相比只有不到 1%，通常可忽略不计。

典型二极管关断波形如图 3-11 所示，其中电压记为 $U_d(t)$，电流记为 $I_d(t)$。由图 3-11 可以看出，二极管在关断瞬间可分为三个阶段，分别为 $t_0 \sim t_1$、$t_1 \sim t_2$、$t_2 \sim t_3$。

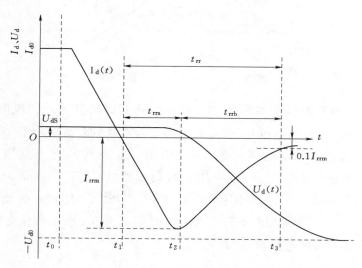

图 3-11　典型二极管关断波形

在 $t_0 \sim t_1$ 阶段，电流 I_d 线性下降，二极管的电压等于导通压降。

在 $t_1 \sim t_2$ 阶段，电压不变，电流按照指数规律反向增加。

在 $t_2 \sim t_3$ 阶段，电压下降而电流上升。

综上可得在关断过程中二极管的功率损耗为

$$E_{D(off)} = \int_{t_0}^{t_3} U_d(t) I_d(t) \mathrm{d}t \qquad (3-16)$$

（2）IGBT 开关损耗。典型 IGBT 开通波形如图 3-12 所示。其中电压记为 $U_{ce}(t)$，电流记为 $I_c(t)$。IGBT 在 t_0 时刻获得开通电平，由于 IGBT 门极电容的影响，其门极电压无法瞬时上升，经过 $t_{d(on)}$ 时间的延时后，门极电压才能达到门槛电压 U_{th}，这时集电极电流 I_c 开始线性上升，同时与 IGBT 反桥臂的二极管电流也开始流通到 IGBT。集电极-发射极电压 $U_{ce}(t)$ 由于寄生电感 L_p 的原因会有所下降。$I_c(t)$ 超调的原因是二极管的反向恢复电流引起的，当二极管的反向恢复电流达到峰值 U_{ce} 后才开始降落。和二极管关断一样，IGBT 的开通过程由三个阶段组成，其开通损耗为

$$E_{on} = \int_{t_1}^{t_4} U_{ce}(t) I_c(t) \mathrm{d}t \qquad (3-17)$$

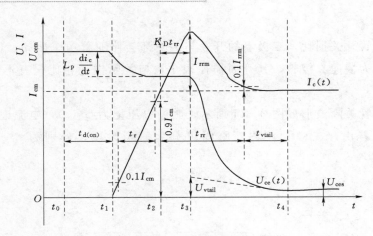

图 3 - 12 典型 IGBT 开通波形

IGBT 关断过程典型波形如图 3 - 13 所示，从 t_0 时刻开始，门极电压 U_{ge} 开始降低，但此时集电极-发射极电压 U_{ce} 并没有立即上升，直到 U_{ge} 下降到一定程度使 IGBT 退出饱和状态，这个最初的周期在图 3 - 13 中用 $t_{vd(off)}$ 来表示。此后 U_{ce} 开始快速增加，当 U_{ce} 增加到额定电压 U_{cem}（图中用 t_2 时刻来表示）时由于续流二极管前向偏置负载电流的关系开始降落。由于 IGBT 内部含有 MOSFET 结构，这使得集电极电流 I_c 初始阶段急剧下降，后期缓慢下降，直到 t_3 时刻变为 0。由于寄生电感的原因，U_{ce} 会出现超调。IGBT 关断过程损耗为

$$E_{off} = \int_{t_0}^{t_3} U_{ce}(t) I_c(t) \mathrm{d}t \qquad (3-18)$$

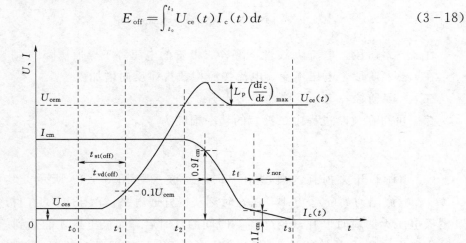

图 3 - 13 IGBT 关断过程典型波形

（3）整体开关损耗。以两电平光伏逆变器为例来分析功率器件总体开关损耗情况。功率器件开关能力损耗取决于开通或者关断时刻的电流大小，开关损耗可以表示为

$$E_{sw} = \frac{U_{dc}}{U_{dc}^*} f \sum_{n=1}^{N} \left[E_{D(off)} + E_{on} + E_{off} \right] \tag{3-19}$$

式中　U_{dc}——逆变器输入直流电压;

　　　　U_{dc}^*——IGBT 基准电压值,可从 IGBT 数据手册上查到;

　　　　f——输出电流频率;

　　　　N——开关次数。

当 N 很大时,式(3-19)可用积分表示,对式(3-19)进行积分计算,可得

$$E_{sw} = \frac{1}{2\pi} \int_{\alpha}^{\beta} (\Delta E_{on} + \Delta E_{off} + \Delta E_{D(off)}) |i_c| f_c \mathrm{d}(\omega t) \tag{3-20}$$

式中　　　　　　f_c——载波频率;

ΔE_{on}、ΔE_{off}、$\Delta E_{D(off)}$——单位电流下的器件开通和关断损耗;

　　　　　　　i_c——负载电流;

　　　　α 和 β——每个周期内导通开始和结束时间段。

光伏逆变器功率器件在运行过程中的能量损失是导致逆变器效率降低的一个重要原因,由以上分析可以看出,功率器件的导通损耗与功率器件通态压降、内阻等有直接关系;功率器件的开关损耗与器件动态特性、负载电流和开关频率相关。通过 IGBT 组件内部的优化、选择合适的开关频率等措施,在功率器件开关损耗与导通损耗之间找寻总损耗的最小值,可提升光伏逆变器的效率。

3.2.2.2 无源器件损耗

光伏逆变器中无源器件损耗主要包括母线直流电容,滤波电感、变压器的损耗。

1. 母线直流电容

理想的电容不会产生损耗,但实际电容元器件中均含有寄生串联电阻,在充放电过程中电阻发热消耗能量。由于光伏逆变器工作时会在直流侧产生六倍工频和开关频率的电流纹波,高频纹波都经由母线直流电容滤除,因此使用 SVPWM 调制方式的电流纹波有效值计算公式为

$$I_{inh} = I_{ORMS} \sqrt{2M \left[\frac{\sqrt{3}}{4\pi} + \cos^2\theta \left(\frac{\sqrt{3}}{\pi} - \frac{9}{16}M \right) \right]}, \quad \cos\theta \in [-1, 1] \tag{3-21}$$

式中　I_{inh}——纹波电流;

　　　I_{ORMS}——交流输出电流;

　　　M——调制比。

按照逆变器交流输出最大电流,功率因数为 1 计算,整个逆变器 3 个桥臂产生的总电流纹波有效值为:$I_{ripple} = 0.65 I_P$。根据所选 IGBT 模块与薄膜电容配合确定 n 个电容并联方式,均分流过每个电容的电流纹波为:$I_{ripple(s)} = I_{ripple}/n$。

结合电容的技术规格可计算得出每个电容的损耗为

$$P = I_{\text{ripple(s)}}^2 \left(R_S + \frac{\tan\delta_0}{\omega C} \right) \qquad (3-22)$$

式中 $I_{\text{ripple(s)}}$——流过每个电容的电流纹波有效值；

R_S——电容的内阻；

$\tan\delta_0$——介质损耗角正切值，一般取 2×10^{-4}；

ω——开关频率。

等效寄生电阻计算公式为

$$ESR = R_S + \frac{\tan\delta_0}{\omega C} \qquad (3-23)$$

母线电容的大小选取还需要考虑逆变器输出功率调整的动态响应性能，母线电容值越大，系统惯性越大，直流侧越接近恒压源，则控制越稳定，在设备尺寸和成本允许的情况下，可加大电容量，使用多个电容并联可降低寄生电阻，减小电容发热。

2. 滤波电感、变压器

磁性元件（电感、变压器等）是电力电子装置中最重要的部分之一：一是磁性元件都需要专门设计和定制；二是它们直接决定了整机的效率以及尺寸，磁性元件的损耗也是设计的重要参数。理想的电感也不会产生损耗，但由于实际电感元器件中均含有寄生串联电阻，通电流后发热消耗能量，俗称铜损，此外在电感中的磁性材料中建立的磁场也会有能量损失，俗称铁损。铁损和铜损主要介绍如下：

（1）铁损。影响铁损的因素很多，有频率、磁感应强度、温度等，因此关于磁损计算的研究也主要是围绕着这些因素展开的。

铁磁物质在交流磁化过程中，因消耗能量发热，磁材料损耗功率（P_T）由磁滞损耗（P_h）、涡流损耗（P_e）和剩余损耗（P_c）组成，即

$$P_T = P_h + P_e + P_c \qquad (3-24)$$

1）磁滞损耗。磁材料在外磁场的作用下，材料中的一部分与外磁场方向相差不大的磁畴发生了"弹性"转动，也就是说当把外磁场去掉时，磁畴仍能恢复原来的方向；而另一部分磁畴要克服磁畴壁的摩擦发生刚性转动，即当外磁场去除时，磁畴仍保持磁化方向。因此磁化时，送到磁场的能量包含两部分：前者转为势能，即去掉外磁化电流时，磁场能量可以返回电路；而后者克服摩擦使磁芯发热消耗掉，这就是磁滞损耗。铁磁材料在交变磁场中反复磁化和去磁化，磁畴相互间不停地摩擦产生磁滞损耗。

磁滞损耗 P_h 与磁场交变的频率 f、磁性材料的体积 V 和磁滞回线的面积 $\int H\,\mathrm{d}B$ 成正比，即

$$P_h = fV\int H\,\mathrm{d}B \qquad (3-25)$$

实验证明，磁滞回线的面积与 B_m 的 n 次方成正比，故磁滞损耗也可表示为

$$P_h = C_h f B_m^n V \qquad (3-26)$$

式中　C_h——磁滞损耗系数，其大小取决于材料性质；

　　　n——次方数，对一般电工钢片 $n=1.6\sim2.3$。

由式（3-26）可知，频率越高，磁滞损耗越大；磁通密度越大，磁滞损耗也会越大。降低磁滞损耗的最好方法是减小铁磁材料的矫顽力 H_r。矫顽力 H_r 降低使磁滞回线变窄，它所围的面积减小，从而降低了磁滞损耗。

2）涡流损耗。在磁芯线圈中加上交流电压时，线圈中流过激励电流，激磁安匝（磁势）产生的全部磁通 φ 在磁芯中通过，因磁芯材料的电阻率不是无限大，绕着磁芯周边有一定的电阻值，感应电压产生电流 i_e（涡流）流过这个电阻，引起 $i_e^2 R$ 的损耗，这就是涡流损耗，涡流损耗与磁芯磁通变化率成正比。

研究表明，工作频率越高，磁通密度越大，感应电动势就越大，涡流损耗也越大；铁芯的电阻率越大，涡流所流过的路径越长，涡流损耗就越小。对于由硅钢片叠成的铁芯，涡流耗损 P_e 的经典公式为

$$P_e = C_e \Delta^2 f^2 B_m^2 V \qquad (3-27)$$

式中　C_e——涡流损耗系数，其大小取决于材料的电阻率；

　　　Δ——钢片厚度。为减小涡流损耗，电机和变压器的铁芯都用含硅量较高的薄硅钢片（$0.35\sim0.5$mm）叠成。

通常采用两种方法来降低材料的涡流损耗。降低材料的厚度 d 是减小涡流损耗的一种方法。在工业生产中，通常采用热轧或冷轧的方法将铁磁材料轧成薄片叠起来使用，使涡流损耗大大降低。降低涡流损耗的另外一种方法是提高材料的电阻率 ρ。对于金属磁性材料来说，电阻率一般都比较低，涡流损耗很大。通常采用添加合金元素的方法提高电阻率，如在铁中加入少量硅，在增加磁导率、降低矫顽力的同时也提高了材料的电阻率。

3）剩余损耗。磁性材料在交变磁场作用下，总的磁损耗减去磁滞损耗和涡流损耗后所剩余的部分称为剩余损耗。

在低频弱磁场中，剩余损耗主要是磁后效损耗。在高频情况下，剩余损耗主要是尺寸共振损耗、畴壁共振损耗和自然共振损耗。尽管引起剩余损耗的因素有很多种，但均可以用磁化弛豫过程解释。所谓弛豫是指在磁化或反磁化的过程中，磁化状态并不是随磁化强度的变化而立即变化到它的最终状态，而是需要一个过程，这个"时间效应"便是引起剩余损耗的原因。

从以上分析可见，在交变磁场中，磁介质本身的电阻率、结构形状，交变磁场的频率和磁感应强度摆幅 ΔB_m 等，共同决定了磁芯单位体积（重量）能量损耗。对于一般的硅钢片，在正常的工作磁通密度范围内（1T$<B_m<$1.8T），铁芯损耗可以表示为

$$P_{Fe} \approx C_{Fe} f^{1.3} B_m^2 G \qquad (3-28)$$

式中 C_{Fe}——铁芯的损耗系数；

      G——铁芯重量。

然而，工程上根据所用材料一般进行近似计算，即

$$P_{Fe}=kpG \tag{3-29}$$

式中 k——工艺系数；

      p——每千克铁芯损耗，随磁通密度变化而变化；

      G——铁芯重量。

降低剩余损耗的方法有两个：一是减少扩散离子浓度，从而抑制离子扩散过程；二是控制和优化产品的成分和制备工艺，使之在工作频率和工作温度范围内损耗降低。

（2）铜损。铜损主要的来源为线圈导线通流发热。对于低频电流，铜损耗计算公式为

$$P_{w}=I^{2}R$$

式中 R——导线电阻。

当线圈通过高频电流（几十到几百千赫兹）时，会引发集肤效应和邻近效应，导致电流集中在导线线芯外层，导线的截面有效利用率减少，此处引入交流电阻 R_{ac} 的概念，交流电阻就是高频效应下导线的等效电阻，常见的等效电阻可通过查 Dowell 曲线获取，导线正弦交流电阻与直流电阻和等效铜厚度、层数成一定曲线关系。

实际上，交流电阻是高频效应下导线的等效电阻。导线的交流电阻与直流电阻、等效铜厚度以及层数呈非线性函数关系，为减少交流电阻，可以选用厚度或直径小于穿透深度 δ 的薄铜带或多股线；此外交流电阻还受线圈层数影响，初级次级绕组交错布局也可大大减少交流电阻。

变压器在空载情况的损耗包括铁损和原边绕组的铜损，而原边绕组的铜损由于空载时仅有极小的励磁电流，与铁损相比微不足道，因此变压器空载时所消耗的功率可以近似认为是铁损。

变压器的铜损分为两部分：原边绕组的铜损和副边绕组的铜损。在一个给定的变压器中，铜损仅与变压器的负载有关，测量变压器铜损是通过短路实验来实现的，在短路实验中，将变压器的副边绕组（低压端）短接，而给原边绕组（高压端）加上适当小的电压，使通过两个绕组的电流都等于额定值，称为短路电压，由于短路电压很低，因此此时变压器的铁损可以忽略不计，此时测得的功率可认为是变压器在额定状态下的铜损。

综上所述，磁性元件的损耗优化措施主要包括选择合适的磁芯材料，设计合适的磁性元件最大磁通，优化绕组导线设计，减少高频电流的集肤效应和临近效应，减少磁性元件的铁损和铜损等。

参考文献

［1］ 北京鉴衡认证中心. 光伏并网逆变器中国效率技术条件：CGC/GF 035：2013［S］. 北京：中国标准出版社，2013.

［2］ Overall efficiency of grid connected photovoltaic inverters：EN 50530：2010［S］. BSI Standards Publication，2010

［3］ Xu Dewei, Lu Haiwei, Huang Lipei, et al. Power Loss and Junction Temperature Analysis of IGBT Devices［C］//Power Electronics and Motion Control Conference，2003.

［4］ 熊健，康勇，张凯，陈坚. 电压空间矢量调制与常规 SPWM 的比较研究［J］. 电力电子技术. 1999（1）：25－28.

［5］ 杨贵杰，孙力，崔乃政，陆永平. 空间矢量脉宽调制方法的研究［J］. 中国电机工程学报. 2001（5）：79－83.

［6］ 范黎锋，赵玲娜，范莉. 节能型变压器铁芯材料的研究［J］. 江西能源，2009（2）：54－56.

［7］ 孔剑虹. 功率变化其拓扑中磁性元件磁芯损耗的理论与实验研究［D］. 杭州：浙江大学，2002.

［8］ 刘飞，查晓明，段善旭. 三相并网逆变器 LCL 滤波器的参数设计与研究［J］. 电工技术学报. 2010，25（3）：111－112.

［9］ 马保慧，尚庆华，陈颖予. 用于太阴能和风力发电系统并网 LCL 滤波器的分析和设计［J］. 电气传动自动化. 2010，32（3）：23.

［10］ 万承宪. 三相有源整流器中 LCL 滤波器主电感的优化设计［J］. 电力电子，2010（1）：35－38.

［11］ 邱关源. 电路［M］. 5 版. 北京：高等教育出版社，2006.

［12］ 张兴，曹仁贤，等. 太阳能光伏并网发电及其逆变控制［M］. 2 版. 北京：机械工业出版社，2018.

［13］ 赵修科. 开关电源中的磁性元件［M］. 沈阳：辽宁科学技术出版社，2004.

［14］ 徐德鸿，马皓，汪槱生. 电力电子技术［M］. 北京：科学出版社，2006.

［15］ 林渭勋. 现代电力电子电路［M］. 杭州：浙江大学出版社，2002.

［16］ 刘凤君. 正弦波逆变器［M］. 北京：科学出版社，2002.

［17］ 顾艳，张斌. 100kV 干式非晶合金变压器的应用［J］. 华东电力，2009（8）：1335－1336.

［18］ 瓦修京斯基. 变压器的理论与计算［M］. 崔立君，杜恩田，等，译. 北京：机械工业出版社，1983.

［19］ 姚志松，姚磊. 中小型变压器实用全书［M］. 北京：机械工业出版社，2003.

［20］ 陈世坤. 电机设计［M］. 北京：机械工业出版社，1990.

［21］ 过壁君. 磁芯设计及应用［M］. 成都：电子科技大学出版社，1989.

［22］ 陈乔夫，李湘生. 互感器电抗器的理论与计算［M］. 武汉：华中理工大学出版社. 1992.

［23］ 万承宪. 三相有源整流器中 LCL 滤波器主电感的优化设计［J］. 电力电子，2010（1）：35－38.

［24］ 柴亚盼. 光伏发电系统发电效率研究［D］. 北京：北京交通大学，2014.

［25］ 陈欢. 光伏并网系统最大功率点跟踪能量损失［D］. 合肥：合肥工业大学，2010.

［26］ 彭韬，丁坤，刘海皓，等. 局部阴影下光伏阵列全局 MPPT 控制方法［J］. 可再生能源，2012（7）：8－11.

［27］ 李小燕，王新，郑飞，等. 光伏并网发电系统的 MPPT 改进算法及其在光照突变时的仿真［J］. 能源技术，2009（5）：272－275.

［28］ 张超，何湘宁. 一种新型的最大功率点跟踪拓扑［J］. 电源世界，2007（4）：36－37.

［29］ 陈科，范兴明，黎珏强，等. 关于光伏阵列的 MPPT 算法综述［J］. 桂林电子科技大学学报，2011（5）：386－390.

[30] 项丽，王冰，李笑宇，等. 光伏系统多峰值 MPPT 控制方法研究 [J]. 电网与清洁能源，2012.8，28（8）：68－72.

[31] 徐高晶，陈婷，徐韬. 基于变步长滞环比较法的 MPPT 算法研究 [J]. 电气技术，2011（9）：82－84.

[32] WGekeler M. 一种达到最高效率的新型软切换三电平逆变器拓扑结构 [J]. 中国电机工程学报，2013，33（21）：1－8.

[33] 王丹. 光伏发电系统效率优化问题的研究 [D]. 北京：北京交通大学，2009.

[34] 李敏. 光伏并网逆变器效率优化研究 [D]. 杭州：浙江大学，2011.

[35] 傅望，周林，郭珂，等. 光伏电池工程用数学模型研究 [J]. 电工技术学报，2011，26（10）：211－215.

[36] 苏建徽，余世杰，赵为. 硅太阳电池工程用数学模型 [J]. 太阳能学报，2001，22（4）：409－412.

[37] 徐维. 并网光伏发电系统数学模型研究与分析 [J]. 电力系统保护与控制，2010，38（10）：17－21.

[38] 刘邦银，段善旭，康勇. 局部阴影条件下光伏模组特性的建模与分析 [J]. 太阳能学报，2008，29（2）：188－191.

[39] 陈如亮. 光伏热斑现象及多峰最大功率跟踪的研究 [D]. 汕头：汕头大学，2007.

[40] 吴小进，魏学业，于蓉蓉，韩磊. 复杂光照环境下光伏阵列输出特性研究 [J]. 中国电机工程学报，2011（S1）：162－167.

[41] 耿爱玲，孙佩石，苏建徽，等. 光伏并网群控系统设计及效率分析研究 [J]. 低压电器，2013（13）：20－23.

[42] 杨青斌，秦筱迪，徐亮辉，夏烈，周专，郭重阳. 多场景光伏阵列建模及其仿真研究 [J]. 电气传动，2019，49（2）：82－89.

[43] BOGLIETTI A，CAVAGNINO A，LAZZARI M. Fast method for the iron loss prediction in inverter－fed induction motors [J]. IEEE Transactions on Industry Applications，2010，46（2）：806－811.

[44] Jieli Li，Abdallah T，Sullivan C R. Improved calculation of core loss with nonsinusoidal waveforms [C]. Industry Applications Conference，2001.

[45] Van den Bossche A P V D，Valchev V C，Sype D M V D. Ferrite losses of cores with square wave voltage and DC bias [J]. Journal of Applied Physics，2005（5）：837－841.

[46] Sullivan C R，Harris J H，Herbert E. Core loss predictions for general PWM waveforms from a simplified set of measured data [C]. Applied Power Electronics Conference and Exposition（APEC），2010 Twenty－Fifth Annual IEEE，2010.

[47] 刘瑶. 光伏并网变流器损耗分析与优化设计 [D]. 北京：北京交通大学，2011.

第 4 章

光伏逆变器建模与并网仿真技术

电力系统仿真计算是电力系统动态分析与安全控制的基本工具，其计算结果是电力生产部门用于指导电网运行的基本依据。而电力系统建模是仿真计算的基础，模型及参数不准确会使计算结果与实际情况不符，或偏保守，造成不必要的资源浪费，影响电力系统运行的经济性；或偏激进，在极端情况下会改变分析结论或者掩盖一些重要的现象，对系统构成潜在危险。大规模光伏发电系统接入电网后，为了适应电力系统稳定分析的需要，必须建立能够准确反映光伏发电特性的模型。

4.1 数字仿真试验技术

4.1.1 建模需求分析

根据仿真精细程度的不同，光伏发电的数字仿真模型主要包括电磁暂态模型和机电暂态模型。不同模型具有不同的适用场合和边界条件，各有优缺点，单一模型无法满足所有的需求。光伏逆变器的电磁暂态模型和机电暂态模型之间的主要区别如下：

（1）逆变器的电磁暂态模型非常贴近实际物理过程，考虑了 PWM 环节和逆变器开关的导通状态，能够模拟逆变器的高频开关特性，获得精确的电压、电流瞬时值波形，并进行谐波分析。电磁暂态模型非常适合于设计和分析逆变器的运行特性和进行相应的控制策略研究。由于逆变器开关频率范围为几千赫兹至几十千赫兹，电磁暂态模型的仿真步长一般不超过 $100\mu s$。电磁暂态仿真需要耗费大量的计算资源，且耗时较长。光伏发电站包含数百至数千台逆变器，仿真规模的增大会降低电磁暂态模型的仿真效率和收敛性。

（2）逆变器的机电暂态模型重点关注时间尺度为毫秒至秒级的暂态响应特性，在逆变器工作原理的基础上进行降阶处理，简化脉宽调制和开关通断等快速过程，机电暂态仿真计算步长为 $1\sim10ms$。机电暂态模型既保留了有功/无功功率控制、故障穿越等需要重点分析的环节，保证了仿真计算的准确度，又提高了仿真效率和收敛性，非常适用于大型电力系统的分析计算。机电暂态模型中电压、电流均用有效值（root mean square，RMS）进行表示，因此也被称为 RMS 暂态模型。本节将重点介绍逆变器的机电暂态建模。

光伏逆变器的控制系统通常建立在 dq 旋转坐标系下，采用直接电流控制模式，以实现有功功率和无功功率的解耦控制，光伏逆变器典型控制结构如图 4 - 1 所示。从图 4 - 1 中可以看出，逆变器的控制器主要包括 MPPT 控制、有功/无功功率控制器、故障穿越及保护控制器、电流内环控制器。

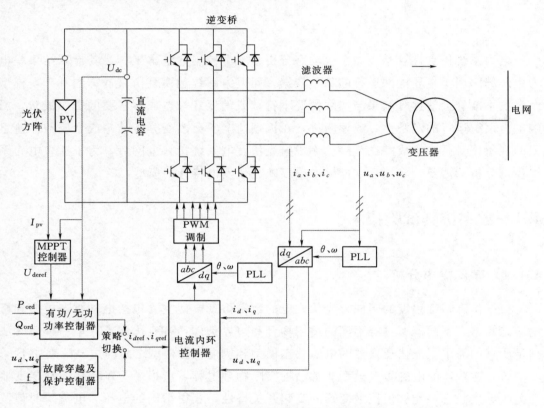

图 4 - 1　光伏逆变器典型控制结构

当电网没有发生故障时，逆变器工作在正常控制方式下。MPPT 控制策略通过检测光伏方阵的输出功率，采用 MPPT 控制算法改变直流侧电压，间接实现最大功率追踪。逆变器同时接收厂站级控制系统下达的有功/无功控制指令，有功/无功控制器经过计算后得到有功/无功电流指令，并传送至电流内环控制器。当电网发生故障时，逆变器通过测量电压和频率信号判断当前电网状态，并从正常的控制策略切换至故障穿越及保护控制策略。由故障穿越及保护控制器生成有功/无功电流指令，并传送至电流内环控制器。锁相环（phase locked loop，PLL）负责测量电网电压相角，为坐标变换提供参考坐标。电流内环控制器根据有功/无功电流指令经过计算后得到调制信号，调制信号经过坐标变换和 PWM 调制后驱动逆变桥开关开通或关断。

从逆变器的典型控制结构可以看出，逆变器涉及电路拓扑、PLL、MPPT、故障穿越、PWM 调制等技术，核心技术多且复杂。机电暂态仿真重点关注逆变器在故障时的暂态外特性，对其控制环节需要进行降阶简化处理，主要简化原则如下：

（1）对 MPPT 环节进行简化。无故障时，MPPT 环节主要影响稳态特性；故障时，逆变器 MPPT 环节闭锁，MPPT 对逆变器的暂态特性的影响较小。

（2）对直流电压控制环节进行简化。受到光伏方阵固有的功率特性制约，实际逆变器必须通过控制直流电压，间接达到控制交流侧有功功率的目标。由于机电暂态建模更关注交流侧有功特性，可以通过构造一个有功控制环节替代直流电压控制环节。这样既能模拟交流有功特性，又能省去直流环节，降低模型的复杂程度。

（3）对电流内环控制环节进行简化。由于电流内环控制器响应时间为毫秒级，逆变器的输出电流能够快速响应电流指令，逆变器呈受控电流源特性。从电流外特性的角度来看，电流内环的响应速度和响应精度都足够理想，可以简化为受控电流源。

4.1.2　光伏逆变器模型结构

机电暂态模型应能模拟光伏逆变器的有功功率控制、无功功率控制、故障穿越等电气控制特性，并能反映环境变化、电力系统故障或扰动时光伏逆变器并网点的电气特性。其模型包括控制保护部分和并网接口部分，光伏逆变器模型结构如图 4-2 所示。光伏逆变器模型变量说明见表 4-1。

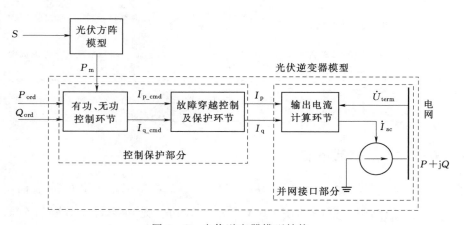

图 4-2　光伏逆变器模型结构

4.1.3　光伏方阵模型

光伏方阵模型的作用是模拟环境变化对光伏方阵功率特性曲线的影响，常用的工程应用模型的输入量为辐照度、环境温度和直流电压，输出值为功率。由于环境温度

表 4 - 1   光伏逆变器模型变量说明

变量名称	说　明	变量名称	说　明
S	太阳辐照度，W/m^2	P	逆变器输出有功功率，pu
$\dot{I}_{ac}$	逆变器交流侧电流相量，pu	P_m	光伏方阵最大功率点功率，pu
I_p	逆变器交流侧电流有功分量，pu	P_{ord}	逆变器有功功率控制指令，pu
I_{p_cmd}	逆变器有功控制输出指令，pu	Q	逆变器输出无功功率，pu
I_q	逆变器交流侧电流无功分量，pu	Q_{ord}	逆变器无功功率控制指令，pu
I_{q_cmd}	逆变器无功控制输出指令，pu	$\dot{U}_{term}$	逆变器交流侧三相电压相量，pu

变化较慢，在机电暂态仿真中可以认为是个恒定值，光伏方阵模型忽略温度变化的影响。由于逆变器模型简化了光伏逆变器直流电容和直流电压环节，光伏方阵模型只保留了辐照度变化的影响。光伏方阵的输入量为辐照度，输出量为当前辐照度下光伏方阵的最大功率。光伏方阵的功率限制了光伏逆变器的最大输出功率，光伏方阵模型结构如图 4 - 3 所示。光伏方阵模型变量说明见表 4 - 2。

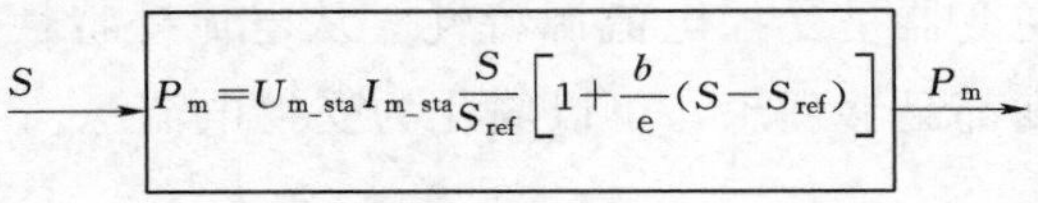

$$S \longrightarrow P_m = U_{m\_sta} I_{m\_sta} \frac{S}{S_{ref}} \left[1 + \frac{b}{e}(S - S_{ref})\right] \longrightarrow P_m$$

图 4 - 3　光伏方阵模型结构

表 4 - 2   光伏方阵模型变量说明

名称	说　明	名称	说　明
b	计算常数，由硅材料构成的光伏方阵典型值为 0.0005	S	太阳辐照度，W/m^2
e	自然对数底数，2.71828	S_{ref}	标准测试条件下的太阳辐照度，$S_{ref}=1000W/m^2$
I_{m_sta}	光伏方阵标准测试条件最大功率点电流，A	U_{m_sta}	光伏方阵标准测试条件下最大功率点电压，V
I_{SC_sta}	光伏方阵标准测试条件短路电流，A	U_{OC_sta}	光伏方阵标准测试条件下开路电压，V
P_m	光伏方阵最大功率点功率，W		

4.1.4　有功、无功控制环节

有功、无功控制模型主要包括有功功率控制、无功功率控制和电流限幅逻辑三部分，有功、无功控制模块框图如图 4 - 4 所示，有功、无功控制环节变量和参数说明见表 4 - 3 和表 4 - 4。其中有功控制模型可以实现定有功控制模式和最大功率跟踪模式，无功控制模型可以实现定无功控制模式、恒定功率因数控制模式和定无功电流模式，电流限幅逻辑可以实现无功优先和有功优先模式。光伏逆变器接收厂站级控制系统的有功、无功控制或功率因数控制指令 P_{ord}、$Q_{ord}(PF_{ref})$，经过有功、无功控制模块调节，输出电流控制指令 I_{p_cmd}、I_{q_cmd}。

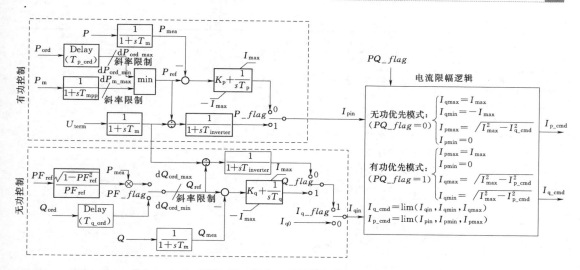

图 4-4　有功、无功控制模块框图

表 4-3　　　　有功、无功控制环节变量说明

变量名称	说　　明	变量名称	说　　明
PF_{ref}	功率因数参数值，pu	I_{qmax}	最大无功电流，pu
P_{ord}	有功功率指令，pu	I_{qmin}	最小无功电流，pu
P	有功功率，pu	I_{q0}	潮流计算结果无功电流初始值，pu
P_{ref}	有功功率参考值，pu	P_{mea}	有功功率测量值，pu
Q_{ord}	无功功率指令，pu	Q_{mea}	无功功率测量值，pu
Q	无功功率，pu	I_{pin}	电流限幅环节的有功电流输入值，pu
Q_{ref}	无功功率参考值，pu	I_{qin}	电流限幅环节的无功电流输入值，pu
U_{term}	逆变器交流侧端电压，pu	I_{p_cmd}	有功/无功控制环节输出的有功电流指令，pu
I_{pmax}	最大有功电流，pu		
I_{pmin}	最小有功电流，pu	I_{q_cmd}	有功/无功控制环节输出的无功电流指令，pu

表 4-4　　　　有功、无功控制环节参数说明

变量名称	说　　明	典型值
dP_{ord_max}	有功功率参考值上升斜率限值，pu/s	—
dP_{ord_min}	有功功率参考值下降斜率限值，pu/s	—
dP_{m_max}	辐照度变化时有功功率上升斜率限值，pu/s	—
dQ_{ord_max}	无功功率参考值上升斜率限值，pu/s	—
dQ_{ord_min}	无功功率参考值下降斜率限值，pu/s	—
T_m	测量延时时间常数，s	$0.01\sim0.02$
T_{mpp}	等值 MPPT 延时时间常数，s	0.1
T_{p_ord}	有功功率指令延时，s	1

续表

变量名称	说　明	典型值
T_{q_ord}	无功功率指令延时，s	1
K_p	有功功率 PI 控制器比例系数	—
T_p	有功功率 PI 控制器积分时间常数，s	—
K_q	无功功率 PI 控制器比例系数	—
T_q	无功功率 PI 控制器积分时间常数，s	—
$T_{inverter}$	逆变器控制延时时间常数，s	—
P_flag	有功功率控制模式标志位	—
Q_flag	无功功率控制模式标志位	—
PF_flag	功率因数控制模式标志位	—
PQ_flag	电流限幅标志位	—
I_{q_flag}	无功电流控制模式标志位	—
I_{max}	最大输出电流	$1\sim1.2$

有功控制部分模拟 MPPT 控制模式或定有功功率控制模式。逆变器的输出功率同时受到光伏方阵可输出的最大功率 P_m 和厂站级控制系统的有功参考指令 P_{ord} 约束，两者中较小值作为逆变器的有功功率参考值 P_{ref}。如果不对逆变器有功指令 P_{ord} 进行限制，则工作在 MPPT 控制模式下；如果对逆变器有功指令进行 P_{ord} 限制，则工作在定有功功率控制模式。有功参考值 P_{ref} 的响应过程可以采用闭环 PI 控制器实现或者采用开环实现，两种实现方式通过 P_flag 选择。

无功控制部分模拟功率因数控制模式或定无功功率控制模式，控制模式通过 PF_flag 选择。当工作在无功功率控制模式时，光伏逆变器的控制目标为厂站级控制系统和逆变器自身设定的无功功率指令；当工作在功率因数控制模式时，逆变器的控制目标为功率因数指令 PF_{ref}。两种控制模式都需要转换为无功参考值 Q_{ref}。无功参考值的响应过程可以采用闭环或开环实现方式，通过 Q_flag 选择。此外，逆变器也可以选择工作在定无功电流控制模式，通过 I_q_flag 标志位闭锁无功功率控制外环，无功电流参考值 I_{q0} 用潮流计算结果初始化。

光伏逆变器有严格的限流要求，因此增加电流限幅逻辑限制逆变器的输出电流，防止过流。通过标志位 PQ_flag 的设置确定逆变器的有功和无功优先输出状态，在正常运行状态通常选择有功优先输出，故障穿越状态通常选择无功优先输出。

4.1.5　故障穿越控制及保护环节

为了在电网发生故障后支撑电力系统，并网光伏逆变器需要具备电压故障穿越功能，电压故障穿越一般包括低电压穿越和高电压穿越，此时逆变器切换至故障穿越控制模式。故障穿越控制模型是逆变器暂态特性的关键环节，描述了逆变器在交流侧电压跌落/升高及恢复过程的暂态特性，故障穿越控制模型如图 4-5 所示。首先根据端电压值将逆变器的运行工况分为高电压穿越 (high voltage ride thorough, HVRT)、正常运行工况和低电压穿越工况 (low voltage ride through, LVRT)，计算无功电流 I_q。随后根据故障穿越期间的电流限幅策略和标志位 I_p_flag 计算有功电流。故障清除后，需要限制有功电流的上升斜率。光伏逆变器的故障穿越无功电流与电压跌落程度、故障前无功电流有关；而故障穿越的有功电流则和控制策略、故障期间无功电流、故障前有功电流有关。

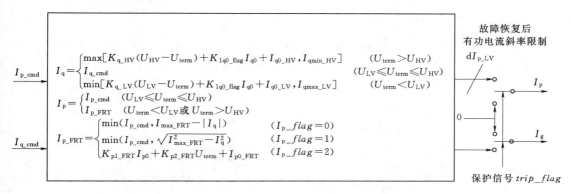

图 4-5　故障穿越控制模型

保护环节是对逆变器保护控制逻辑的模拟，当逆变器出现过/欠压、过/欠频且持续时间超过整定值时，保护动作，逆变器退出运行防止损坏，保护控制模型如图 4-6 所示。其中，保护环节可以分为一级欠压保护、二级欠压保护、一级过压保护、二级过压保护、一级欠频保护、二级欠频保护、一级过频保护、二级过频保护。故障穿越及保护控制模型变量及参数说明见表 4-5 和表 4-6。

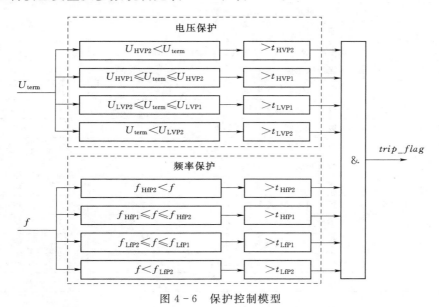

图 4-6　保护控制模型

表 4 - 5 故障穿越及保护控制模型变量说明

变量名称	说 明	变量名称	说 明
I_{p_cmd}	有功/无功控制环节输出的有功电流指令，pu	I_{p0}	潮流计算结果有功电流初始值，pu
I_{q_cmd}	有功/无功控制环节输出的无功电流指令，pu	I_{q0}	潮流计算结果无功电流初始值，pu
U_{term}	逆变器交流侧端电压，pu	I_p	有功电流输出值，pu
f	逆变器交流侧频率，Hz	I_q	无功电流输出值，pu
I_{p_FRT}	故障期间的有功电流，pu		

表 4 - 6 故障穿越及保护控制模型参数说明

参数名称	说 明	典型值
K_{q_LV}	低穿期间的无功电流支撑系数	1.5
I_{q0_LV}	低穿期间的无功电流起始值，pu	0
U_{LV}	进入低电压穿越控制的电压阈值，pu	0.9
K_{flag_FRT}	故障前无功电流叠加标志（1 有叠加，0 无叠加）	0
I_{qmax_LV}	低穿期间的最大无功电流，pu	1.1
K_{q_HV}	高穿期间的无功电流支撑系数	2
I_{q0_HV}	高穿期间的无功电流起始值，pu	0
U_{HV}	进入高电压穿越控制的电压阈值，pu	1.1
I_{qmin_HV}	高穿期间的最小无功电流，pu	-0.5
I_{max_FRT}	故障穿越期间的最大输出电流，pu	1.1
I_{p_flag}	故障穿越期间的有功电流限幅标志位	—
K_{p1_FRT}	故障穿越期间的有功电流系数 1	0
K_{p2_FRT}	故障穿越期间的有功电流系数 2	0
I_{p0_FRT}	故障穿越期间的有功电流起始值，pu	0.1
dI_{p_LV}	低电压故障清除后的有功电流上升斜率限值，pu/s	2
U_{HVP1}	一级过压保护整定电压，pu	1.15
U_{HVP2}	二级过压保护整定电压，pu	1.25
U_{LVP1}	一级欠压保护整定电压，pu	0.8
U_{LVP2}	二级欠压保护整定电压，pu	0.5
f_{HfP1}	一级过频保护整定频率，Hz	50.2
f_{HfP2}	二级过频保护整定频率，Hz	50.5
f_{LfP1}	一级欠频保护整定频率，Hz	49.5
f_{LfP2}	二级欠频保护整定频率，Hz	48
t_{HVP1}	一级过压保护动作时间，ms	—
t_{HVP2}	二级过压保护动作时间，ms	—
t_{LVP1}	一级欠压保护动作时间，ms	—
t_{LVP2}	二级欠压保护动作时间，ms	—

续表

参数名称	说　明	典型值
t_{HfP1}	一级过频保护动作时间，ms	—
t_{HfP2}	二级过频保护动作时间，ms	—
t_{LfP1}	一级欠频保护动作时间，ms	—
t_{LfP2}	二级欠频保护动作时间，ms	—

4.1.6　输出电流计算环节

根据逆变器的受控电流源特性，逆变器与电网模型之间采用电流源接口进行连接，逆变器通过受控电流源向电网注入电流。输出电流计算环节根据电流的有功分量、无功分量及电网电压相位计算逆变器交流侧电流相量，其公式为

$$\dot{I}_{ac}=\left(\frac{|\dot{U}_{term}|I_p-j|\dot{U}_{term}|I_q}{\dot{U}_{term}}\right)^* \tag{4-1}$$

式中　$\dot{I}_{ac}$——逆变器交流侧电流相量，pu；

$\quad\quad I_p$——逆变器交流侧电流有功分量，pu；

$\quad\quad I_q$——逆变器交流侧电流无功分量，pu；

$\quad\dot{U}_{term}$——逆变器交流侧电压相量，pu。

4.2　数模混合仿真试验技术

4.2.1　数模混合仿真试验简介

仿真试验平台可用于支撑光伏逆变器研发，如果采用全数字仿真平台进行研究，则脱离了对逆变器软硬件的依赖，完全取决于数字模型的准确度，如果利用先进的实时仿真软件，结合硬件在环技术，引入逆变器真实的控制器，甚至整个功率回路，构建数模混合实时仿真平台，则可以很好地解决这个矛盾，提前发现逆变器存在的问题，降低研发与试验成本，提高逆变器并网性能。

根据仿真器与被测设备之间交互的信息类型，数模混合仿真可以分为信号型数模混合仿真和功率型数模混合仿真。

4.2.2　控制器硬件在环仿真技术

信号型数模混合仿真结构框图如图 4-7 所示，仿真器与被测控制器之间通过物理 I/O 板卡（D/A 板卡、A/D 板卡）交互数字量与模拟量二次弱电信息，构成一个二次信号交换的环路，同时控制器作为仿真器中仿真对象模型的被测二次设备，因此

信号型数模混合仿真也通常被称为控制器硬件在环仿真。

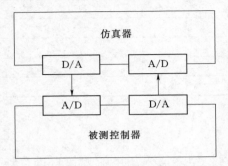

图 4-7 信号型数模混合仿真试验结构框图

光伏逆变器数模混合仿真平台框图如图 4-8 所示，主要包括数字仿真模型、线性变换单元和被测逆变器控制器三部分。数字仿真模型包括电网、电网扰动发生装置、低电压穿越检测装置、防孤岛检测装置、变压器模型、被测光伏逆变器功率回路和光伏阵列等模型，以及用于配置仿真器物理 I/O 接口地址的功能模块；物理模型为真实的逆变器控制器，数字仿真模型和物理模型通过信号调理板卡等接口电路构成的线性变换单元进行硬件在环连接。

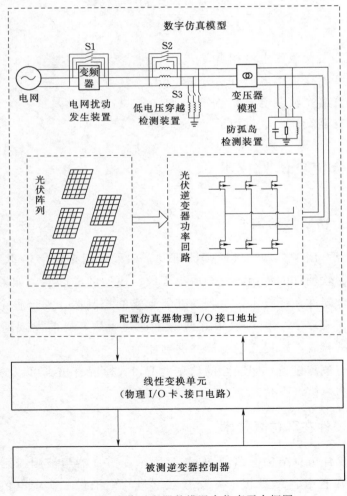

图 4-8 光伏逆变器数模混合仿真平台框图

光伏逆变器采用高频开关动作的全控型器件 IGBT 和脉宽调制技术，要求有极高的脉冲触发精度，对数字模型的运算速度也提出较高要求。通常数字仿真模型由仿真器进行运算处理，仿真器核心为 CPU 处理器与 FPGA 处理器，两者之间采用 PCIe 总线进行高速数据交换。CPU 处理器主要负责用户仿真模型的运算处理，FPGA 处理器用于管理各种信号调理板卡，实现 CPU 处理器与外围信号调理板卡之间各种模拟量和数字量信息的交换与管理，也可以进行用户仿真模型的运算处理。对于功率器件开关频率小于 10kHz 的光伏逆变器功率回路模型，采用 CPU 处理器大步长仿真，仿真步长一般为 $10\sim100\mu s$；对于功率器件开关频率大于 10kHz 的光伏逆变器功率回路模型，采用 FPGA 处理器小步长仿真，仿真步长一般小于 $10\mu s$。对于光伏阵列、低电压穿越检测装置、防孤岛检测装置等慢速模型一般采用 CPU 处理器大步长仿真。如此可以对各种功率器件开关频率的光伏逆变器开展低电压穿越、频率适应性和防孤岛等并网仿真试验。

另外，为实现与外部控制器之间进行物理 I/O 信号对接，仿真器也配置各种信号调理板卡，包括模拟量输入信号调理、模拟量输出信号调理、数字量输入信号调理和数字量输出信号调理四种类型。

4.2.3　功率硬件在环仿真技术

功率型数模混合仿真试验结构框图如图 4-9 所示。仿真器与被测功率设备之间的电压、电流信息通过功率接口装置转化为一次强电信号后进行信息交互，构成一次功率信号交换的环路，同时由于功率设备作为仿真器中仿真对象模型的被测一次设备，因此，功率型数模混合仿真试验通常被称为功率硬件在环仿真试验。

光伏逆变器功率硬件在环仿真平台框图如图 4-10 所示。平台由仿真模型、接口装置、被测设备和模拟直流源组成。

仿真模型基于仿真器进行计算，在仿真模型中构建电网环境，包括电网模型、线路阻抗模型、接入该电网的发电设备和负荷模型。接口装置连接仿

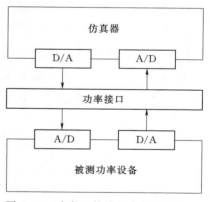

图 4-9　功率型数模混合仿真试验
结构框图

真模型和被测设备，主要为线性变换单元和功率放大器，线性变换单元实现电网节点电压、电流信号的输入/输出，功率放大器实现信号流向功率流的转换。仿真过程中，采集的电网某节点电压信号经数模转换，由仿真器输出给功率放大器，功率放大器将信号流放大为功率流，激励与之相接的被测设备。与此同时，电流/电压传感器采集被测设备的电流信号，将模拟信号输入至仿真器，作用到仿真模型中的电压节点中。

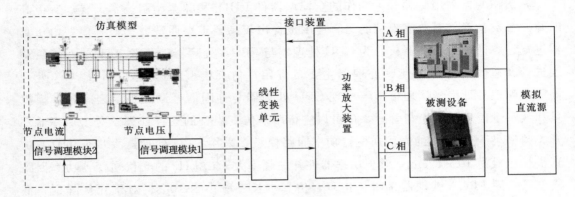

图 4 - 10　光伏逆变器功率硬件在环仿真平台框图

平台构建后，通过修改仿真模型参数，改变电网节点电压，制造各种测试工况，可针对被测设备开展低电压穿越（含零电压穿越）、高电压穿越、电网适应性、功率控制和电能质量等并网性能测试。此平台中电网电压节点的电压及被测设备并网电流形成闭环反馈，电网节点电压能够依据被测设备的响应实时改变电压输出，能够更加真实地模拟现场环境，使对被测设备的测试更加准确。

4.2.4　光伏逆变器一致性核查技术

一致性核查是一种光伏逆变器控制器的一致性评估方法，避免由于光伏逆变器控制器软件程序无法读取，而无法核查已通过相关标准测试的样机控制器和现场光伏逆变器控制器是否一致的情况。通过对两个被测控制器开展故障穿越硬件在环试验，获取电网扰动工况下光伏逆变器电压、电流数据，评估两套光伏逆变器控制器的并网控制性能是否具有一致性。一致性核查流程图如图 4 - 11 所示。

1. 一致性核查指标

故障穿越要求光伏逆变器在电网发生故障期间能够保持并网运行，同时提供无功电流以支撑母线电压，保证电压稳定性，因此一致性核查需考虑光伏逆变器在故障穿越时的无功电流 I_r、有功功率 P、无功功率 Q 的基波正序分量。

2. 区间划分

为确保两次测试的可比性，两次硬件在环试验数据时序应保持同步。数据同步后，根据试验电压数据，将两组控制器硬件在环的数据序列分为 A（故障前）、B（故障期间）、C（故障后）三个时段。

根据有功功率和无功功率的响应特性，将 B、C 时段分为暂态区间和稳态区间，其中 B 时段分为 B_1（暂态）和 B_2（稳态）区间，C 时段分为 C_1（暂态）和 C_2（稳态）区间。

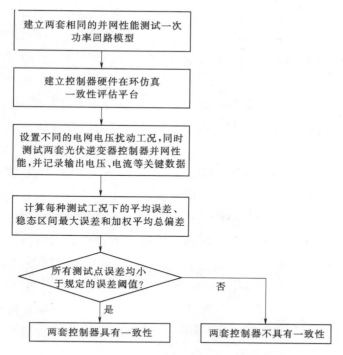

图 4-11　一致性核查流程图

　　各时段针对有功功率和无功功率测试数据在电压跌落过程中的特性，分为暂态和稳态区间，暂态、稳态区间划分如图 4-12 所示。

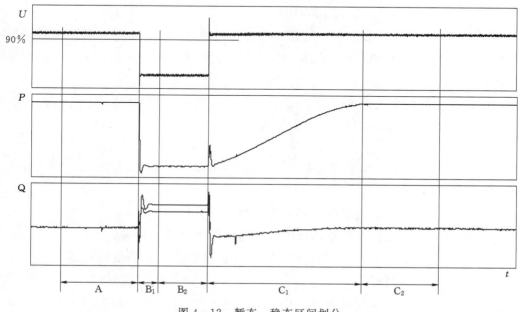

图 4-12　暂态、稳态区间划分

（1）A 时段为故障前的时间区间，此时段均为稳态区间。

（2）B 时段分为暂态区间和稳态区间。电压瞬时跌落，功率调节阶段为暂态区间，如图 4 - 12 中的 B_1 时段；电压跌落后稳定运行为稳态区间，如图 4 - 12 中的 B_2 时段。

（3）C 时段分为暂态区间和稳态区间。电压瞬时恢复，功率调节阶段为暂态区间，如图 4 - 12 中的 C_1 时段；恢复后的稳定运行阶段为稳态区间，如图 4 - 12 中的 C_2 时段。

B、C 时段根据电流、有功功率和无功功率的响应特性，分为暂态区间和稳态区间。暂态区间为电压瞬时大幅波动引起的电流、有功功率和无功功率的波动区间。稳态区间为正常运行和电压波动后稳定运行的区间。暂态开始时刻即为上一稳态结束时刻，暂态结束时刻即为下一稳态开始时刻。对电压波动引起的暂态区间，功率和电流的波动进入该时段平均值的 $\pm 10\%$ 范围内的后 20ms 为暂态过程的结束。

判定 A、B、C 时段的开始和结束时刻方法为：①电压跌落前 2s 为 A 时段开始；②电压跌落至 0.9pu 时刻的前 20ms 为 A 时段结束，B 时段开始；③故障清除开始时刻的前 20ms 为 B 时段结束，C 时段开始；④故障清除后，光伏逆变器有功功率开始稳定输出后的 2s 为 C 时段结束。

3. 误差计算

通过计算两组硬件在环测试数据之间的偏差，考核两块控制器所表现控制性能的一致性。偏差计算的电气量包括电压 U_S、电流 I、无功电流 I_Q、有功功率 P、无功功率 Q。

扰动过程分段后，对每个时段暂态和稳态区间的偏差分别计算；各时段暂态区间仅计算平均偏差，稳态区间分别计算平均偏差和最大偏差；计算模型仿真与试验数据的加权平均总偏差。

（1）稳态区间的平均偏差 F_1。稳态区间的平均偏差 F_1 为两组硬件在环测试数据在稳态区间内偏差的算术平均值，其公式为

$$F_1 = \left| \frac{1}{K_{S\_End} - K_{S\_Start} + 1} \sum_{i=K_{S\_Start}}^{K_{S\_End}} X_S(i) - \frac{1}{K_{M\_End} - K_{M\_Start} + 1} \sum_{i=K_{M\_Start}}^{K_{M\_End}} X_M(i) \right|$$

$$(4-2)$$

式中　　　　　X_S——电站现场控制器的待考核电气量标幺值；

　　　　　　　X_M——已通过标准测试的控制器的待考核电气量标幺值；

K_{S_Start}、K_{S_End}——计算误差区间内已通过标准测试的控制器试验数据的第一个和最后一个序号；

K_{M_Start}、K_{M_End}——计算误差区间内电站现场控制器试验数据的第一个和最后一个序号。

（2）暂态区间的平均偏差 F_2。暂态区间的平均偏差 F_2 为两组硬件在环试验数据在暂态区间内偏差的算术平均值，其公式为

$$F_2 = \left| \frac{1}{K_{S\_End} - K_{S\_Start} + 1} \sum_{i=K_{S\_Start}}^{K_{S\_End}} X_S(i) - \frac{1}{K_{M\_End} - K_{M\_Start} + 1} \sum_{i=K_{M\_Start}}^{K_{M\_End}} X_M(i) \right|$$

$$(4-3)$$

（3）稳态区间的最大偏差 F_3。稳态区间的最大偏差 F_3 为两组硬件在环试验数据在稳态区间的偏差的最大值，其公式为

$$F_3 = \max_{i=K_{M\_Start} \cdots K_{M\_End}} (|X_S(i) - X_M(i)|)$$

$$(4-4)$$

4. 一致性核查结果评价

电压偏差最大允许值见表 4-7。故障穿越测试偏差计算结果满足以下条件的，认为两个控制器控制性能具有一致性：

（1）所有工况的光伏逆变器电压各偏差应不大于表 4-7 中的电压偏差最大允许值。

（2）所有工况稳态和暂态区间的无功电流、有功功率和无功功率的平均偏差、稳态区间的最大偏差不大于表 4-7 中的偏差最大允许值。

表 4-7 电压偏差最大允许值

电气参数	F_{1max}	F_{2max}	F_{3max}
正序电压偏差，$\Delta U_1/U_n$	0.05	0.05	0.05
有功功率偏差，$\Delta P/P_n$	0.05	0.10	0.10
无功电流偏差，$\Delta I_q/I_n$	0.05	0.10	0.10
无功功率偏差，$\Delta Q/P_n$	0.05	0.10	0.10

注：F_{1max} 为稳态区间平均偏差允许值；F_{2max} 为暂态区间平均偏差允许值；F_{3max} 为稳态区间最大偏差允许值。

参考文献

[1] 朱凌志，董存，陈宁，等. 新能源发电建模与并网仿真技术 [M]. 北京：中国水利水电出版社，2018.

[2] 中华人民共和国国家质量监督检验检疫总局，中国国家标准化管理委员会. 光伏发电系统模型及参数测试规程：GB/T 32892—2016 [S]. 北京：中国标准出版社，2016.

[3] 中华人民共和国国家质量监督检验检疫总局，中国国家标准化管理委员会. 光伏发电系统建模导则：GB/T 32826—2016 [S]. 北京：中国标准出版社，2016.

[4] Joint Working Group C4/C6.35/CIRED. Modelling of inverter—based generation for power system dynamic studies [R]，2018.

[5] 曲立楠，葛路明，朱凌志，等. 光伏电站暂态模型及其试验验证 [J]. 电力系统自动化，2018，42（10）：170-175.

[6] 葛路明，曲立楠，朱凌志，等. 光伏逆变器的低电压穿越特性分析与参数测试方法 [J]. 电力系统自动化，2018，42（18）：149-156.

[7] Kara Clark，Nicholas W Miller，Reigh Walling. Modeling of GE Solar Photovoltaic Plants for Grid

Studies Version 1.1 [R]，2010.

[8] Kara Clark，Reigh Walling，Nicholas W Miller. Solar Photovoltaic（PV）Plant Models in PSLF [C]，2011.

[9] Kara Clark，Nicholas W Miller，Juan J. Sanchez-Gasca. Modeling of GE Wind Turbine-Generators for Grid Studies Version 4.5 [R]，2010.

[10] WECC Renewable Energy Modeling Task Force. Generic Solar Photovoltaic System Dynamic Simulation Model Specification [R]，2012.

[11] WECC Renewable Energy Modeling Task Force. WECC Guide for Representation of Photovoltaic Systems in Large-Scale Load Flow Simulations [R]，2010.

[12] EPRI. Generic Models and Model Validation for Wind and Solar PV Generation：Technical Update [R]，2011.

[13] EPRI. Technical Update-Wind and Solar PV Modeling and Model Validation [R]，2012.

[14] 中国电力科学研究院. 电力系统分析综合程序 7.4 版动态元件模型库用户手册 [R]，2019.

[15] Alvaro Ruiz. System aspects of large scale implementation of a photovoltaic power plant [D]. Kungliga Tekniska Högskolan，2011

[16] Marcelo Gradella Villalva，Jonas Rafael Gazoli，Ernesto Ruppert Filho. Comprehensive approach to modeling and simulation of photovoltaic arrays [J]. IEEE Trans. on Power Electronics. 2009，24（5）：1198-1208.

[17] Amirnaser Yazdani，Anna Rita Di Fazio，Hamidreza Ghoddami，et al. Modeling guidelines and a benchmark for power system simulation studies of three-phase single-stage photovoltaic systems [J]. IEEE Trans. on Power Delivery. 2011，26（2）：1247-1264.

[18] Amirnaser Yazdani. Electromagnetic Transients of Grid-Tied Photovoltaic Systems Based on Detailed and Averaged Models of the Voltage-Sourced Converter [C]，2011.

[19] Johan Morren，Sjoerd W H de Haan，Jan Abraham Ferreira. Model reduction and control of electronic interfaces of voltage dip proof DG units [C]，2004.

[20] Seul-Ki Kim，Jin-Hong Jeon，Chang-Hee Cho，et al. Modeling and simulation of a grid-connected PV generation system for electromagnetic transient analysis [J]. Solar Energy，2009，（83）：664-678.

[21] 张兴，曹仁贤，等. 太阳能光伏并网发电及其逆变控制 [M]. 北京：机械工业出版社，2010.

[22] 李光辉，王伟胜，刘纯，何国庆，叶俭，孙建. 基于控制硬件在环的风电机组阻抗测量及影响因素分析 [J]. 电网技术，2019，43（5）：1624-1631.

[23] 王宇，刘崇茹，李庚银. 基于 FPGA 的模块化多电平换流器实时仿真建模与硬件在环实验 [J]. 中国电机工程学报，2018，38（13）：3912-3920.

[24] 陈志磊，秦筱迪，董玮，石博隆. 光伏电站并网性能认证关键技术研究 [J]. 电力电子技术，2019，53（3）：82-86

[25] 林小进，吴蓓蓓，张晓琳，包斯嘉，刘美茵. 光伏逆变器一致性评估方法及系统开发 [J]. 电测与仪表，2018，55（20）：72-75.

[26] 曾杰，冷凤，陈晓科，陈迅，李俊林，毛承雄. 现代电力系统大功率数模混合实时仿真实现 [J]. 电力系统自动化，2017，41（8）：166-171.

[27] 杨向真，孙麒，杜燕，苏建徽，汪飞. 功率硬件在环仿真系统性能分析 [J]. 电网技术，2019，43（1）：251-262.

[28] 孙麒. 功率硬件在环仿真系统接口算法研究 [D]. 合肥：合肥工业大学，2019.

第 5 章

光伏逆变器测试与认证技术

光伏逆变器测试技术是以光伏逆变器为待测设备，借助专门的仪器、设备，通过合理的实验方法和数据处理手段，获取光伏逆变器相关试验特性和性能信息的技术。开展光伏逆变器测试是追求更高经济效益和保障电力系统安全的必要举措。测试是认证的基础和重要环节，光伏逆变器系列产品通过测试后，其性能指标的符合性不仅取决于该系列光伏逆变器的研发水平，还与该系列产品的生产一致性和制造商的管理水平密切相关，对这些要素按照合理的方法和手段进行辨识和评定，共同构成了光伏逆变器的认证技术。

5.1　概述

光伏逆变器的测试技术在其生产、交易、使用等环节都起到了重要作用，测试是保证各方利益、实现各方诉求的重要手段。生产中需要对光伏逆变器产品进行过程检验、出厂测试，用以发现缺陷；交易和使用中需要第二方或第三方的测试，用以保证质量和确保公正。

光伏逆变器是耦合直流侧电源和交流电网的枢纽设备，它的性能不仅关系到光伏发电站的发电量，还直接影响电网的安全稳定运行。开展光伏逆变器测试需从并网性能、效率、安全防护和电磁兼容等多个技术方向入手，目的是对光伏逆变器关键参数以及功能性能进行整体识别，并将识别出的关键参数和功能性能等信息进行显示和记录。

并网性能测试包含了功率控制、电网适应性、电能质量、故障穿越、防孤岛保护等项目。光伏发电系统在电网正常运行下，需满足节点电能质量约束、线路容量约束和发电容量约束等电网静态安全约束条件，光伏逆变器的功率控制能力、电压频率适应能力、电能质量控制能力、故障穿越能力和防孤岛保护能力为光伏发电系统适应电网的调频调压需求、电压频率适应性需求、电能质量需求、故障穿越需求和孤岛保护需求提供保障，这些性能关乎电力系统的安全稳定运行，因此各国的光伏逆变器标准都将并网性能测试作为最重要的测试内容之一。随着光伏逆变器技术的进步，并网性能测试技术也逐步升级，主要体现在以下方面：容量和电压范围更宽，稳态和动态性能更高——从数兆瓦的大型测试平台到几百瓦的微型测试平台，都要求更高的交直流动态调节能力和稳态精度；测试对象多元化，接入条件更灵活——从微型逆变器、组串式机型到集中式机型、集散式机型，测试对象的多元化要求并网测试需要更灵活的交直流接入条件，如多个交流电压等级、多路 MPPT 等。

效率测试包括转换效率测试、静态 MPPT 效率测试、动态 MPPT 效率测试以及加权效率测试。效率测试便于光伏逆变器厂商针对动态 MPPT 性能提升进行研究，同时，效率测试能够准确反映光伏逆变器在实际运行中的发电量，更好地评估逆变器的发电性能，能够为电站业主、电网调度制订发电计划以及为光伏发电站交易提供重要的数据支撑。效率测试中的加权效率测试依托某一特定区域的太阳能资源条件，具有很强的地域性特点，与我国太阳能资源特征相适应的逆变器效率测试方法可以更准确地反映用于不同地区的逆变器发电性能。

安全防护性能测试是为了避免用户在使用产品中人身财产受到危害，同时规避企业的经营风险。各种电气设备都有潜在的危害，安全性能中的危害包含电气伤害、机械/物理伤害、低压/高能量伤害以及易燃伤害四种。安全性能代表着安全规范的要求，其测试必须满足法律法规的需要、合同的需要、竞争的需要以及企业改进产品的需要。

电磁兼容性能是指设备或系统在电磁环境中能正常工作，并且不对该环境中任何事物构成不能承受的电磁骚扰的能力，光伏逆变器在使用中通过电或磁的作用与周围其他电气设备产生电磁耦合，并互相影响。在正常运行状态下，光伏逆变器产生的谐波以及电力电子半导体器件开关产生的高频电磁波都会威胁到环境中其他设备的安全稳定运行，因此电磁兼容测试是保障光伏逆变器和其他电气设备在使用中稳定运行的必要项目。

测试作为一种技术手段，需要相应的信用保证体系与其配套，这就是认证——一种符合性的合格评定活动。其本质是独立于供方和需方的，具有权威性和公信力的第三方依据一定的法规、标准和技术规范对产品、服务、体系等进行合格评定，并提供书面证明对结果确认的活动。

在国内，由中国国家认证认可监督管理委员会（Certification and Accreditation Administration of the Republic of China，CNCA）统一管理、监督和综合协调全国认证认可工作。《中华人民共和国认证认可条例》的颁布实施，规范了认证认可活动，提高了产品、服务的质量和管理水平。中国认证认可委员会（Chinese Certification and Accreditation Association，CCAA）以及中国合格评定国家认可委员会（China National Accreditation Service for Conformity Assessment，CNAS）的成立，进一步完善了认证认可体制。为了更好地服务光伏行业，对光伏市场进行统一的监督管理，国务院、国家能源局以及国家认证认可监督委员会等机构发布实施了一系列新能源政策，都强调光伏发电认证工作的必要性和重要性，如《国务院关于促进光伏产业健康发展的若干意见》（国发〔2013〕24 号）、《国家能源局关于印发光伏电站项目管理暂行办法的通知》（国能新能〔2013〕329 号）、《国家能源局关于印发分布式光伏发电项目管理暂行办法的通知》（国能新能〔2013〕433 号）、《国家认监委、国家能源局关于加强光伏产品检测认证工作的实施意见》（国认证联〔2014〕10 号）等。

国际上，国际电工委员会（International Electrotechnical Commission，IEC）和欧洲电网运营商联盟（European Network of Transmission System Operators，ENTSO‐E）已着手建立欧洲统一的并网标准和认证制度，现已建立的国际电工委员会可再生能源（International Electrotechnical Committee Renewable Energy，IECRE）认证体系，主要负责太阳能、风能和海洋能源领域的认证，目的是在 IEC 框架下通过国际技术标准和认证模式的统一性来推动可再生能源领域的国际贸易与合作。

推动光伏逆变器测试与认证技术的发展，规范行业管理，是提高产品质量，促进光伏逆变器产业健康可持续发展的重要手段，是推动产业技术进步，加快光伏产品更新换代和产业升级，保障用户及投资者利益的重要措施。

5.2 光伏逆变器测试技术

5.2.1 光伏逆变器测试标准

光伏逆变器测试须依据相应的标准展开，技术规范规定了测试指标及其合格范围，测试规程则规定了具体指标的测试方法、必要条件、使用的仪器设备、结果计算分析以及评定。本节主要介绍国内外光伏逆变器的测试规程。

我国正式发布了一系列光伏逆变器检测的相关标准，国内已颁布的光伏逆变器检测方法标准见表 5-1。随着光伏逆变器测试技术的发展，测试标准也不断更新，2013 年颁布了国家标准《并网光伏发电专用逆变器技术要求和试验方法》（GB/T 30427—2013），2018 年颁布了行业标准 NB/T 32004—2018，2019 年颁布了国家标准《光伏发电并网逆变器检测技术规范》（GB/T 37409—2019）。目前，针对中压逆变器测试方法的团体标准《中压并网光伏逆变器检测技术规范》正在制定中，该标准规定了中压并网光伏逆变器的外观与结构、环境适应性、安全性能、电气性能、通信、电磁兼容性、效率、标识耐久性、包装、运输和存储等要求。

欧美等在光伏逆变器的检测方法标准制定方面发展较早，目前已完成多个标准的更新迭代，例如国际标准《并网光伏逆变器防孤岛测试程序》（*Utility‐interconnected*

表 5 - 1 国内已颁布的光伏逆变器检测方法标准

序号	标准号	标准名称	标 准 内 容
1	GB/T 37409—2019	光伏发电并网逆变器检测技术规范	包含了光伏发电并网逆变器的外观与结构、环境适应性、安全性能、电气性能、通信、电磁兼容性、效率、标识耐久性、包装、运输和存储方面检测的技术要求
2	GB/T 30427—2013	并网光伏发电专用逆变器技术要求和试验方法	规定了并网光伏发电专用逆变器的术语和定义、产品分类、技术要求、试验方法、检验规则及标志、包装、运输和贮存等。本标准适用于交流输出端电压不超过 0.4kV 的并网光伏发电专用逆变器
3	NB/T 32004 - 2018	光伏并网逆变器技术规范	规定了光伏发电系统所使用的光伏并网逆变器的产品类型、技术要求及试验方法（适用于连接到 PV 源电路电压不超过直流 1500V，交流输出电压不超过 1000V 的光伏并网逆变器。集成升压变压器并网至 35kV 及以下电压等级电网的预装式光伏并网逆变装置可参照执行）
4	NB/T 32008 - 2013	光伏发电站逆变器电能质量检测技术规程	规定了光伏发电站逆变器交流侧电能质量的检测条件、检测设备和检测方法等（适用于并网型光伏逆变器）
5	NB/T 32009 - 2013	光伏发电站逆变器电压与频率响应检测技术规程	规定了光伏发电站逆变器接入电网运行电压与频率响应的检测条件、检测设备和检测方法等
6	NB/T 32010 - 2013	光伏发电站逆变器防孤岛效应检测技术规程	规定了光伏发电站逆变器孤岛防护措施有效性的检测条件、检测设备和检测方法［适用于通过 380V 电压等级接入电网，以及用过 10（6）kV 电压等级接入用户侧的新建、改建和扩建的光伏发电系统所配的光伏逆变器］
7	NB/T 32032 - 2016	光伏发电站逆变器效率检测技术要求	规定了光伏发电站逆变器效率的检测内容、检测设备、检测方法等（本标准适用于并网型光伏逆变器）
8	NB/T 32033 - 2016	光伏发电站逆变器电磁兼容性检测技术要求	规定了光伏逆变器产生的电磁骚扰电平及其抗扰度的技术要求，规定了骚扰限值、抗扰度限值、严酷度等级和检测方法（适用于接入 380V 以上电压等级的并网型光伏逆变器）
9	NB/T 42142 - 2018	光伏并网微型逆变器技术规范	规定了光伏并网微型逆变器的术语和定义、技术要求、试验方法、标识和说明书、检验项目及分类（适用于交流输出电压不超过 1000V 的光伏并网微型逆变器。集成在交流组件上的光伏并网微型逆变器可参考执行）

photovoltaic inverters – Test procedure of islanding prevention measures）（IEC 62116 – 2014）、德国标准《高压互联与操作技术要求》［*Technical requirements for the connection and operation of customer installations to the high voltage network（TCR high voltage）*］（VDE – AR – N 4120：2018）、（VDE – AR – N 4105：2018）等。国外大部分并网标准是将多种发电形式的接入要求统一在标准中，如风电、光伏发电、光热发电等，且多数是关于分布式电源接入低压电网的技术规定和测试规程，这与欧美等国大力发展分布式发电的发展模式有关。

由国家电网公司代表我国主导成立的"大容量可再生能源接入电网"分技术委员会（IEC SC8A）以经在 IEC 层面主导相关标准的立项与发布，如国际电工委员会光伏能源标准化技术委员会（IEC/TC82）立项并编制发布的《并网光伏逆变器低电压穿越测试规程（*Utility –interconnected photovoltaic inverters – Test procedure of Low Voltage Ride – Through measurement*）》（IEC TS 62910：2015）等标准，标志着我国在新能源并网标准的制定上迈入国际前列。

5.2.2　光伏逆变器测试平台

光伏逆变器的测试主要包含安规、电磁兼容、电气性能、并网性能四大类，其中安规和电磁兼容测试与其他电气设备的测试没有明显区别，主要区别在于电气性能和并网性能测试。光伏逆变器作为电气设备，必须符合国家和行业规定的电气性能指标才可以进入市场，而作为并网运行的发电设备，则必须符合电网规定的性能指标，并且在并网之前通过电网验收。本节重点介绍光伏逆变器的电气性能测试与并网性能测试，安规测试和电磁兼容测试只列出相关测试设备和测试设备的技术指标。

5.2.2.1　安规测试

光伏逆变器的安规测试主要包括 IP 等级测试（包含防尘和防水）、电击防护测试、机械防护测试、防火等级测试、噪声测试、绝缘等级测试、耐压测试及残余电流测试等，光伏逆变器安规测试设备见表 5 – 2。

表 5 – 2　　　　　　　　　光伏逆变器安规测试设备

测试名称	测试仪器设备	主要技术参数
IP 防尘测试	防尘测试设备、防尘实验箱	粉尘用量、温湿度参数、气流速度、吹尘时间
IP 防水测试	滴水试验装置、摆管式淋水溅水试验装置、喷水试验装置、浸水/持续浸水试验装置、防高温高压喷水试验装置、综合防水试验箱、强喷水试验机、防浸水试验设备	出水部件尺寸（管径、口径）、水流量、水压、出水点高度、设备外尺寸及容积、喷水距离、保护装置以及其他机械参数
电击防护测试	标准试验指、试验针、绝缘测试仪、接触电流分析仪	弯指直径、总长度、测试范围、精确度、测试类型

续表

测试名称	测试仪器设备	主要技术参数
机械防护测试	—	—
防火等级测试	灼热丝试验仪	温度范围、试验压力、移动速度、试验时间、最大烫入深度
噪声测试	声音积分式专业声级检测仪	测量距离、测量范围
绝缘等级测试	绝缘接地测试仪	输出电压范围、输出电压精度、阻抗测量范围、测试时间
耐压测试	耐压测试仪	输出电压范围、输出电压精度、输出电压调整分辨率、测试时间
残余电流测试	漏电流检测仪	漏电流动作时间范围、漏电流精度、动作时间显示精度

5.2.2.2 电磁兼容测试

电磁兼容测试主要包括电磁骚扰测试和抗扰度测试两大类，电磁骚扰测试又包含传导骚扰和辐射骚扰两项，抗扰度测试包含静电放电抗扰度、射频电磁场抗扰度、电快速瞬变脉冲群抗扰度、浪涌（冲击）抗扰度、射频场感应的传导骚扰抗扰度和工频磁场抗扰度六项测试内容。光伏逆变器电磁兼容测试设备见表 5-3。

表 5-3 　　　　　　　　光伏逆变器电磁兼容测试设备

测试名称	测试仪器设备	主要技术参数
传导骚扰测试	暗室、接收机、人工电源网络、阻抗稳定网络、电流探头	暗室：暗室材料、安装方式； 接收机：频率范围、分辨率、测量精度、RF 输入、衰减器、脉冲限幅器、前置放大器、驻留时间、测量精度； 人工电源网络：频率范围、额定电流、工作电压、接口类型、等效电路； 电流探头：类型、精度、带宽
辐射骚扰测试	电波暗室、接收机、接收天线、放大器	暗室：暗室材料、吸波材料、安装方式； 接收机：频率范围、分辨率、测量精度、RF 输入、衰减器、脉冲限幅器、前置放大器、驻留时间、测量精度； 人工电源网络：频率范围、额定电流、工作电压、接口类型、等效电路； 接收天线：类型、高度
静电放电抗扰度测试	静电放电发生器	电压容差、电流、充电电阻、放电电阻、放电电容、放电电流上升时间、放电模式、放电次数、放电间隔及保持时间、工作电源
射频电磁场抗扰度测试	电波暗室、EMI 滤波器、射频信号发生器、低通或带通滤波器、功率放大器、场强发射天线	暗室材料、吸波材料、安装方式、频率范围、场强、天线类型、带宽

测试名称	测试仪器设备	主要技术参数
电快速瞬变脉冲群抗扰度测试	脉冲群发生器、交流/直流电源端口的耦合/去耦网络、容性耦合夹	脉冲群输出电压及输出型式、脉冲群频率、脉冲群极性、脉冲群运行时间、脉冲群内阻、脉冲前沿、脉冲宽度、脉冲个数、脉冲串周期、相位角度、与交流电源的关系; 耦合方式、去耦电感、耦合电容、耦合效率、电流、叠加方式、接线方式; 耦合夹尺寸
浪涌(冲击)抗扰度测试	浪涌波发生器、耦合/去耦网络	浪涌波形(电压波、电流波)、开路电压、短路电流、浪涌极性、相位角度、输出阻抗、次数、间隔时间; 耦合方式、去耦电感、耦合电容、耦合效率、电流、叠加方式、接线方式
射频场感应的传导骚扰抗扰度	射频信号发生器、耦合/去耦装置	频率范围、输出电平、精度、幅度调制、输入阻抗、输出阻抗、功率; 耦合方式、去耦电感、耦合电容、耦合效率、电流、叠加方式、接线方式
工频磁场抗扰度	信号发生器、感应线圈、试验仪器	磁场强度、电流频率、时间间隔、电流畸变率、电流范围、工作电源、准确度

5.2.2.3　电气性能测试和并网性能测试

电气性能测试和并网性能测试项目包括有功功率、无功功率、电能质量、故障穿越、运行适应性、保护、效率七个方面。

电气性能和并网性能测试要求测试平台能模拟光伏逆变器实际运行工况,例如动态 MPPT 效率测试需要测试平台直流源模拟出各种辐照度及辐照度变化曲线,故障穿越测试需要测试平台交流侧模拟出电网各类故障并能够按照设定好的时序及时恢复。光伏逆变器通用测试平台如图 5-1 所示,该平台提供了光伏逆变器运行的基本条件,满足大多数电气性能和并网性能测试需求。

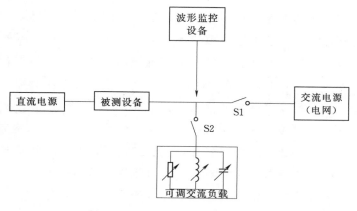

图 5-1　光伏逆变器通用测试平台

动态 MPPT 效率测试和故障穿越测试接线图如图 5-2 和图 5-3 所示，虚线中是测试的关键设备及其关键参数。

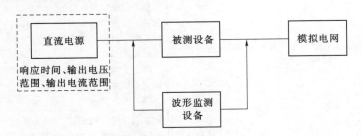

图 5-2 动态 MPPT 效率测试接线图

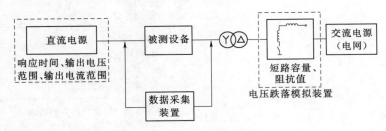

图 5-3 故障穿越测试接线图

（1）光伏模拟器（PV simulator）。光伏模拟器是光伏逆变器测试平台中技术指标要求最高的设备；使用光伏模拟器代替实际光伏电池进行各种实验，有助于缩短研发周期。光伏模拟器为单相输出，基本工作模式有曲线输出模式、恒电压工作模式和恒电流工作模式；选型时主要关心的技术参数有输出电压电流范围、电压电流精度以及响应时间；光伏模拟器分为数字式光伏模拟器和模拟式光伏模拟器。

模拟式光伏模拟器主要是利用可控的白炽灯模拟太阳光强的变化，样品电池的输出电压和电流随模拟光强度变化，经放大后驱动功率器件，使其输出跟随样品太阳能电池的电压和电流，以替代实际太阳能电池阵列进行光伏系统的各项性能测试。模拟式光伏模拟器可控光源的光谱与太阳光谱差别较大，模拟效果较差，同时光到电的转化效率较低，且模拟式太阳能电池模拟器无法满足大功率光伏逆变器的测试需求。

数字式光伏模拟器将电力电子技术和单片机技术相结合，可以模拟各种环境条件下太阳能电池阵列的 $I-U$ 和 $P-U$ 特性，实现光伏逆变器直流侧输入特性与各种复杂工况的匹配，是光伏逆变器测试的优选实验电源。

早期的大功率光伏模拟器在使用时，需要在人机交互界面输入辐照度、温度、开路电压、短路电流、组件数、组件串数等物理参数，有的甚至使用离散度较高的描点法，运行时无法准确匹配负载的工作点，导致直流侧振荡现象发生，且不具备动态切换曲线的功能。随着对光伏电池物理模型的深入研究和电力电子技术、芯片控制技术的不断发展，数字式光伏模拟器的输出特性越来越逼近实际光伏电池阵列，响应速度越来越快，使用界面越来越友好，并且能够根据容量大小和电压等级通过串并联自由组合以实现最佳匹配。

（2）故障发生装置（voltage fault generator）。故障发生装置用来模拟光伏逆变器运行过程中电网发生的各类型故障，目前常用的无源型故障发生装置主要有低电压发生装置、高电压发生装置和低高电压连续发生装置三种，拓扑图分别如图 5-4～图 5-6所示。

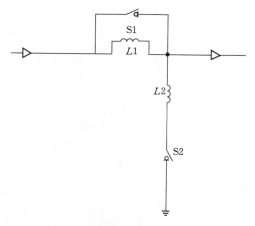

图 5-4　低电压穿越检测装置拓扑图

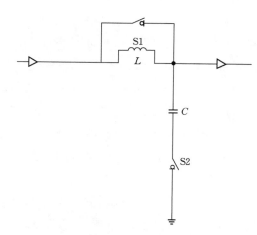

图 5-5　高电压穿越检测装置拓扑图

故障穿越装置参数选取时必须结合测试逆变器容量和电网容量综合考虑故障电流和故障电压。光伏逆变器容量为 1MW，低穿测试平台短路容量为 3～5MVA，并网点电压为 10kV，则低穿装置总阻抗为

$$Z=\frac{U^2}{S}=100\Omega \qquad (5-1)$$

低穿装置电抗器值为

$$L=\frac{Z}{2\pi f}\approx318\text{mH} \qquad (5-2)$$

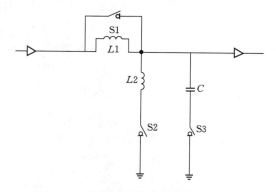

图 5-6　低高电压穿越检测装置拓扑图

确定低穿装置电抗器总值之后，根据跌落深度设计电抗器的抽头以满足各种跌落深度的需要。

（3）电网模拟器（grid simulator）。电网模拟器和故障发生装置同属于电网模拟装置，故障发生装置通过电感、电容等无源器件实现电网电压暂态跌落、上升和电压恢复动态过程中的过电压特性，而电网模拟器主要通过电力电子器件模拟电网稳态电压变化、频率变化、电能质量变化等。关键参数有：①额定容量，决定被测光伏逆变器的容量上限；②输出电压/频率范围，决定适用的测试项目和标准（不同测试项目和标准对电压/频率运行范围有不同要求）；③电压电流响应时间，动态响应性能可以提高测试的精度和可靠性；④谐波注入能力，决定电能质量适应性测试。

（4）防孤岛检测装置。孤岛现象的发生具有很大的偶然性和不可控性，因此防孤岛保护能力检测一般需要配置专用的防孤岛保护检测装置来模拟孤岛现象的发生，这种装置就是防孤岛检测装置。

防孤岛检测装置核心器件及参数：①精密 RLC 元件：纯阻性负载、感性负载、容性负载；②基准频率：不同国家的基准频率不同，使用时确定基准频率值，否则会给计算带来错误，严重时会造成器件过压损坏；③电压等级：由于光伏逆变器输出电压范围较宽，交流 270～620V 都有，防孤岛检测装置器件要明确耐压值，电压等级不匹配时严禁接入电路。

在功能方面，因逆变器输出侧参数和电网波动的影响，三项电压电流不可能做到完全平衡，为达到测试标准要求的谐振工况，需具备三相负载功率独立控制功能，以便各项负载独立微调。

选型和设计防孤岛检测装置时也要考虑元器件的寄生参数，RLC 负载的元器件寄生参数过大，会导致谐振频率偏差，L 与 C 每偏差 3%，会导致谐振频率偏差 0.8Hz。在逆变器防孤岛自动保护检测时，一定要避免谐振频率的过频或欠频触发保护，这会造成防孤岛保护试验测量数据及测量结果错误。

（5）测量系统。测试系统主要包括传感器和数据采集装置，表 5-1 所列的测试标准中均对测量系统中的传感器精度、数据采集装置的采样率等都有明确要求。

测量系统基本功能是采集原始数据，部分仪器内部会集成一些算法，根据相关标准进行软件计算，这类仪器为测量结果的判定提供了便利，例如光伏逆变器的总效率测试，需要用到电源侧功率值、逆变器输入侧功率值和逆变器输出侧功率值，若仪器内部提供了这些量值的同步计算功能，计算效率将更加高效。部分测试需要做非常复杂的判定，例如光伏逆变器的低电压穿越测试，判定数据包括有功功率、无功功率、有功电流、无功电流、电压基波正序值，同时还有这些量值对应的启动时间、响应时间、调节时间等，这种情况往往需要使用者依据标准算法建立计算机模型进行数据分析。

5.2.3　实验室检测体系介绍

除光伏逆变器检测标准和测试装置外，要完成整套光伏逆变器的测试，还需配备合适的场地和专业的检测人员等，这些因素共同构成了检测体系中的"人机料法环测"的关键元素。

光伏逆变器测试因其专业性强、门槛较高，早期在国内具备光伏产品检测资质的实验室寥寥无几，尤其是大功率、覆盖各种电压等级的专业检测机构更是屈指可数。检测实验室需通过严格执行光伏逆变器检测实验室能力认可准则应用要求，为光伏逆变器测试创造良好的市场环境。

目前国际通用实验室认可服务的标准是《检测和校准实验室能力的通用要求》（*Accreditation criteria for the competence of testing and calibration laboratories*）（ISO/IEC17025：2017），中国合格评定国家认可委员会使用等同 ISO/IEC17025：2017 的《检测和校准实验室能力认可准则》（CNAS-CL01：2018）。在 CNAS-CL01 准则中，对检测实验室的能力从"人机料法环测"等方面做了基础的通用要求。为支持光伏产品检测领域的认可活动，CNAS 还制定了《检测和校准实验室能力认可准则在光伏产品检测领域的应用说明》（CNAS-CL01-A021），对光伏逆变器检测实验室有如下特定要求：

（1）实验室所有操作专门设备和从事检测的人员应了解标准的要求、仪器的测量原理，并能按检测方法正确地进行操作和记录。实验室关键技术人员（包括授权签字人）应具有光伏逆变器的理论基础和专业知识，并应熟悉检测标准和检测方法。

（2）实验室应具备符合标准要求的设施和环境条件并采取监控措施使其持续有效，以防止因环境原因导致检测结果无效或对检测结果造成不利影响。

（3）实验室的检测操作区域应具有充分的照明，一般检测操作区域的照明度应不低于 250lx。

（4）实验室应按通用要求配备供电电源。电压额定值、频率额定值、电压稳定度、频率稳定度、谐波畸变等电源特性应符合检测标准要求或保证检测结果的不确定度在预计范围内。

（5）对长时间环境试验项目，实验室应有措施确保其供电能够维持标准规定的检测周期；若检测活动有可能因断电而中断时，实验室应有文件化的说明来对检测数据和结果以及检测结论进行合理处置。

（6）实验室的检测工作用电源应由独立于空调、照明电源的单独回路供电。

（7）检测方法或检测设备本身对工作环境有要求时，或当环境气候条件变化会影响到检测结果的准确性时，实验室环境应满足这些要求。若标准无特殊要求，实验室应不允许在规定的环境条件之外进行检测然后再推算出标准条件下的检测结果这种做法。

（8）实验室的户外检测场地条件应满足标准规定的场地要求和检测条件。检测场地应有充足的光照，并有效控制周边会对检测结果造成影响的因素。通常应避免场地地面包括周边的墙或树木产生对检测结果有影响的强反射光。场地应足够空旷平坦。

（9）为确保检测结果不受环境区域相互影响和工作人员人身安全不受意外伤害，

实验室应进行环境安全隔离并采取保护措施。

（10）实验室应建立合格的服务供应商和关键材料目录，并明确服务供应商的资质、能力要求或技术要求，保存对其确定、审查和批准的记录。

（11）实验室在进行最大功率测量试验时，如果采用的检测方法优先顺序不同于标准推荐的顺序（室内模拟器法或室外自然光法的采用），应能证明其检测条件符合标准规定的要求，并提供相应的检测控制程序以表明室内模拟太阳光检测结果与室外自然光检测条件下的检测结果，包括修正后的结果具有很好的或实践上可以接受的一致性，并具有可复现性。

（12）实验室的记录控制程序应包含离开固定设施、场所或在相关的临时或移动设施中检测记录的控制方式的说明。

（13）户外检测时，实验室应有文件化的记录表单来记录标准规定的可能影响检测结果的户外检测条件。必要时，检测报告应附有说明或照片。

（14）检测中需要调整或更换检测场地时，应有相关说明并补充调整或更换后的检测条件记录。原始记录应全面反映被测产品在检测前后的状态。

（15）实验室应评定测量不确定度，评定方法中应充分考虑到各个主要不确定度分量。

（16）实验室允许对内部客户以电子方式出具简化报告和采取数字签名，但应明确简化格式的报告至少应包含的信息。

（17）检测人员应对检测系统自动生成的检测数据和信息（包括但不限于任务编号、检测时间等）进行确认。在自动检测数据软件上进行数字签名是可以接受的，但要有相应的程序确保其不被随意使用。

光伏逆变器检测实验室要具备按照相关标准开展检测服务的技术能力，必须同时满足《校准或检测实验室能力认可准则》（CNAS-CL01：2008）和《校准或检测实验室能力认可准则在光伏产品检测领域的应用说明》（CL01-A021）的要求。满足这两项准则的要求，确保实验室可以提供可信、准确的数据，有效减少可能出现的质量风险。同时，依据上述两项准则能够促进实验室管理体系的改进，提高实验室管理水平和技术能力，增强实验室的市场竞争能力，为赢得社会各界的信任提供保障。

国内光伏行业发展至今，高峰时期光伏组件、光伏逆变器等产品生产企业一度达到千余家，爆发式增长导致光伏产品质量良莠不齐，同时也增加了监管难度。为此，国务院、国家能源局、国家认证认可监督管理委员会等机构发布实施了一系列新能源政策文件，其中都明确提出光伏发电产品认证工作的必要性和重要性。加强光伏发电产品认证体系建设，规范光伏行业管理，是促进光伏产业健康可持续发展，提高光伏发电产品质量，推动光伏产业技术进步，加快光伏发电产品更新换代和产业升级，保障用户及投资者利益的重要措施。

5.3　光伏逆变器认证技术

5.3.1　光伏逆变器产品认证模式

光伏逆变器产品认证是在特定认证实施规则范围内，依据某一个或多个产品标准和技术要求对光伏发电并网产品的并网性能进行检测，对该产品的生产企业进行审查，经认证机构确认并通过颁发认证证书和认证标志来证明其符合特定标准和技术规范的活动。该认证由认证机构根据《产品、过程和服务认证机构要求》（CNAS - CC02：2013）以及中国合格评定国家认可委员会发布的各类文件，结合认证机构发布的认证实施规则进行。

按照国际标准化组织（International Organization for Standardization，ISO）的定义，认证模式可以分为八种：

第一种认证模式：型式试验。按规定的方法对产品的样品进行试验，以验证样品是否符合标准或技术规范的全部要求。

第二种认证模式：型式试验＋获证后监督（市场抽样检验）。市场抽样检验是从市场上购买样品或从批发商、零售商的仓库中随机抽样进行检验，以证明认证产品的质量持续符合认证标准要求。

第三种认证模式：型式试验＋获证后监督（工厂抽样检验）。工厂抽样检验是从工厂发货前的产品中随机抽样进行检验。

第四种认证模式：第二种认证模式＋第三种认证模式。

第五种认证模式：型式试验＋工厂质量体系评定＋获证后监督（质量体系复查＋工厂和/或市场抽样检验）。

第六种认证模式：工厂质量体系评定＋获证后的质量体系复查。

第七种认证模式：批量检验。根据规定的抽样方案，对一批产品进行抽样检验，并据此对该批产品是否符合要求进行判断。

第八种认证模式：100％检验。

由于光伏逆变器产品是批量生产的硬件产品，对电网安全又尤为重要，使用第五种认证模式可促使企业在最佳条件下持续稳定地生产符合标准要求的产品，也是各国普遍采用的认证模式。目前我国强制性产品认证制度以及其他产品认证（比如自愿性认证、专项产品认证等）主要采用第五种认证模式。对于这种产品认证模式，ISO/IEC 导则 28《典型第三方产品认证制度通则》中明确规定应包含型式试验、质量管理体系评定、监督检验和监督检查四个基本要素。前两个要素是获取认证的必备条件，后两个要素是获证后的监督措施。

5.3.2 光伏逆变器产品认证技术手段

1. 型式试验（产品检验）

型式试验（产品检验）是为了验证光伏逆变器产品能否满足技术规范的全部要求所进行的试验。只有通过型式试验（产品检验），该光伏逆变器产品才能正式投入生产。对光伏逆变器产品认证来说，为了达到认证目的而进行的型式试验，是对一个或多个具有代表性的样品利用试验手段进行的合格性评定，试验所需样品的数量由认证机构确定，试验样品从制造厂的最终产品中随机抽取。型式试验（产品检验）是光伏逆变器产品认证模式中的重要环节，试验内容包括安规和环境、并网性能、电气性能及保护、电磁兼容等多个方面。

2. 工厂质量体系评定（工厂审查）

工厂质量体系评定（工厂审查）是评价逆变器生产企业质量保证能力及认证产品一致性与产品认证准则的符合程度的手段，可以判断逆变器生产企业是否具备持续稳定生产符合认证要求产品的能力，为认证机构做出认证决定提供依据。

认证机构组织专业检查人员组成检查组，对工厂提供的文件资料、申请认证产品的生产流程、生产工艺、质量管控等方面进行审查。审查的具体内容包括但不限于组织机构和品质体系、职责和资源、文件和记录、设计/开发、采购控制、生产过程控制、检验程序、检验/试验仪器设备、不合格品控制、内部质量审核、认证产品的一致性、投诉、产品一致性检查、对不符合项的整改情况以及产品抽样情况等。

光伏逆变器产品的生产流程和工艺应作为工厂审查时的重点，应重点检查生产线上对于工艺的把控。光伏逆变器产品的主要生产工艺在于装配，关键零部件有 PCB 板件、IGBT 模块、风扇、断路器、接触器、熔断器等，应检查关键零部件的进货检验规则是否符合生产要求；检查安装作业指导书是否可在产线上获取且工人是否按照指导书要求进行装配；生产环节的关键节点是否做相应的过程检验，最后在生产线末端或者库房随机抽取样品，记录下编号后安排现场检验，通过现场检验来检查人员、仪器设备和测试能力。

工厂质量体系评定是以检查组进入工厂现场检查到末次会议结束这一阶段的活动为主要内容。具体包括：首次会议和现场参观、收集证据、识别样本及抽样、检查不符合项及出具不符合项报告、出具检查结论、末次会议及检查后续活动。

3. 获证后监督（质量体系复查＋工厂和/或市场抽样检验）

认证机构负责对获证组织策划与组织实施监督，以确保认证产品持续稳定地符合认证标准要求，并和经确认合格的样品特性保持一致。获证后监督包括监督检查、认证标识及证书的管理、产品变更的管理、对获证产品质量的跟踪等多项内容。

获证后监督可通过质量体系复查或者工厂和/或市场抽样检验的方式来进行。通过对工厂的质量体系复查，证实工厂是否能够持续稳定地生产出满足认证准则规定要求的产品。通过工厂和/或市场抽样检验，证实工厂批量生产的认证产品特性与经认证机构确认合格的样品的符合程度。

质量体系复查的策划实施过程和初次工厂检查类似，但内容和要求的程度并不相同，流程中的文件资料检查、首次会议、现场参观和末次会议可以在监督检查中简化。质量体系复查时，应关注工厂是否保持和实施了质量保证能力要求、实施是否有效；程序（关键元器件和材料的检验/验证程序、例行检验和确认检验程序、不合格品控制程序等）是否发生了变更；产品（结构、关键元器件和材料等）是否发生了变更；产品生产工艺是否发生了变更等，如果发生了变更则应跟踪和判定这些变更是否符合规定的要求。

工厂和/或市场抽样检验可根据情况选择工厂抽样检验、市场抽样检验或者两者相结合的方式。从工厂或市场上进行随机抽样，将样品送到指定检测机构开展产品型式试验，将检测结果与获证产品的型式试验结果进行一致性比对，确定批量生产的认证产品的特性与质量是否发生变化。

5.3.3 我国光伏逆变器产品认证种类

目前，我国光伏逆变器产品认证为自愿性产品认证，主要包括光伏发电并网逆变器并网认证、太阳能光伏产品"金太阳"认证、光伏并网逆变器"领跑者"认证以及光伏并网逆变器性及功率优化器安全认证。

光伏发电并网逆变器并网认证是光伏发电产品认证中新出现的认证种类。2016年，光伏发电并网逆变器并网认证的出现，使得国内光伏发电产品认证制度得以完善，补齐认证环节。光伏并网逆变器并网认证模式为：产品型式试验＋初始工厂审查＋获证后监督或产品检验＋初始工厂审查＋获证后监督，产品型式试验根据不同应用场合分别依据技术标准 GB/T 19964—2012 和 GB/T 29319—2012 开展。

"金太阳"认证是我国光伏发电产品认证领域中最具代表性的一项认证业务，通过认证的光伏产品被国家金太阳示范工程及国家光伏电站特许权招标项目等大型光伏电站项目所采信。光伏并网逆变器"金太阳"认证按照"型式试验＋初始工厂审查＋获证后监督"的认证模式，依据的标准主要为 NB/T 32004—2018 或《光伏并网逆变器中国效率技术条件》（CNCA/CTS 0002—2014）（这种认证也被称为中国效率认证），而针对不同类型或应用场合的逆变器，认证机构发布了特定的实施规则，例如《太阳能光伏产品认证实施规则 水冷却型光伏并网逆变器》（CGC‐R46056：2019）。

"领跑者"认证是为了落实国家"领跑者"计划发起的光伏发电产品认证。光伏并网逆变器"领跑者"认证是对光伏并网逆变器在不同应用条件下的发电效率和环境适用性进行综合评价，包括逆变器"领跑者"发电效率认证以及环境适应性认证，认证按照"产品检验"的模式，产品检验依据标准《光伏逆变器特定环境技术要求》（CQC 3318—2015）和《光伏并网逆变器中国效率技术条件》（CNCA/CTS 0002—2014）。

光伏并网逆变器及功率优化器安全认证是光伏逆变器安全性能方面特有的认证种类，认证按照"产品型式试验＋初始工厂检查＋获证后监督"的模式开展，型式试验依据的标准包括：

（1）NB/T 32004—2018，不包括 8.2 节平均加权总效率及 8.3.5 故障穿越。

（2）采用 GB/T 19964—2012 中第 8 条低电压穿越。功率优化器型式试验依据标准《光伏发电系统用电力转换设备的安全　第 1 部分：通用要求》［CQC 3302—2010(IEC 62109‐1：2010)］。

5.4　光伏逆变器测试与认证展望

光伏逆变器测试技术的不断进步源于光伏行业技术发展需求的不断增加。2010 年以前，我国光伏装机总量小于 1GW，经历了 2011 年和 2012 年以集中式光伏发电站为主的高速增长和 2015 年、2016 年分布式光伏发电站快速增长后，国内光伏装机容量不断增加、渗透率不断提高，电网和用户对光伏逆变器在故障穿越、功率控制和电能质量方面的性能要求不断提升，国际国内相关标准组织积极研究并对现行标准的主要技术条款做了修订。目前国内外主要标准更新情况见表 5‐4。

表 5‐4　　　　　　　　　　目前国内外主要标准更新情况

序号	标准号	标准名称	更新时间	主要更新内容
1	GB/T 19964—2012	光伏发电站接入电力系统技术规定	2012 年	（1）明确了有功功率控制、无功容量等指标； （2）增加了低电压穿越技术要求； （3）增加了电网运行适应性技术要求
2	NB/T 32004—2013	光伏发电并网逆变器技术规范	2018 年	（1）有功功率控制细化分为变化率控制、给定值控制和过频降额控制； （2）增加了高电压穿越技术要求； （3）修改频率适应性范围要求
3	Q/GDW 617—2011	光伏发电站接入电网技术规定	2015 年	（1）增加了故障期间动态无功电流注入超调量、稳定时间和持续时间的要求； （2）增加了高电压穿越的要求
4	IEEE 1547—2003	分布式电源与电力系统互连要求	2018 年	（1）增加了有功功率控制要求； （2）增加了无功容量和电压控制要求； （3）增加了电压故障穿越的要求； （4）增加了频率穿越的要求

续表

序号	标准号	标准名称	更新时间	主要更新内容
5	BDEW—2008	发电站接入中压电网技术导则	2018 年	(1) 指标中考虑了对不同类系统的区分； (2) 优化了无功特性要求，尤其是轻载工况下； (3) 改进了高低压穿越指标要求
6	VDE 4105—2011	分布式发电系统接入低压电网要求	2018 年	(1) 指标中考虑对不同类系统的区分； (2) 增加了高/低电压穿越要求

标准要求的更新，带来了测试方法的变化。故障穿越需要专门的故障发生装置，并且需在短路容量、响应时间等方面满足标准对测试平台的要求。为评估光伏逆变器的综合效率提出的动态 MPPT 效率指标，要求光伏模拟器具备在线动态切换曲线功能，并且响应时间要求较静态测试大大提高；电网运行适应性技术指标的提出，则需要电网模拟器具备电压、频率变化可编程实现，注入谐波等功能；测量仪器方面，随着高压输入型光伏逆变器的使用，高电压测量模块得以开发应用；电网故障期间光伏逆变器动态指标的要求明确后，测量系统的软件也需更新，必须可以精确计算出动态过程包括响应时间、调节时间、无功电流持续时间、无功电流平均值、最大值等各项动态数值。

随着标准的更新和光伏逆变器技术的不断进步，为适应研发、生产和检测的需要，光伏逆变器测试平台逐步向自动化、高精度、通用性方面发展。生产企业为满足出厂验收所搭建的平台往往使用编程软件联合控制方式实现流程化测试并记录数据，这样可以提高整机测试效率。对于检测机构，小型逆变器测试平台投入相对较少，提高测量精度和平台的集成度不仅可以为客户提供高质量的报告，还可以扩大服务的场所范围。大型逆变器检测平台投入大，应该在设计之初就考虑平台的兼容性和可扩展性，例如使用模块化的光伏模拟器、使用多抽头变压器适应不同输出电压等级光伏逆变器的测试、设计多路适合量程的传感器串并联组合以满足不同电流的高精度测量等。

目前国内外光伏逆变器测试平台的容量多数在 1MVA，部分后期建设投入较大的实验室检测能力可达 3MVA，但是仍然跟不上光伏逆变器单机容量扩大的步伐，为解决容量限值，近年来出现了两种替代方案：一种是使用控制器硬件在环回路仿真试验与实测相结合的方式，该方案除过载测试无法完成外，多数功能性验证测试采用轻载工况实测，重载工况硬件在回路仿真测试，在国内某实验室推广后，已获得多数一线逆变器企业的认可；另一种是采取实证技术，让光伏逆变器在真实环境下运行，既可以积累长期运行数据，又可以对逆变器的运行性能进行实际验证。

认证技术方面，伴随着我国更多的光伏产品走向世界，未来还需继续深化质量认证的国际合作互认：一是构建光伏逆变器产品认证国际合作机制。加强各国政府间、从业机构间多层次合作，推动认证机制政策沟通，标准协调，制度对接、技术合作和人才交流，加快光伏发电、绿色低碳等新领域互认进程；二是提高国内光伏逆变器产品认证市场开放度。积极引入国外先进认证标准、技术和服务，扩大国内短缺急需的光伏逆变器产品认证环节服务进口范围；三是加快我国光伏逆变器产品认证"走出去"步伐。鼓励支持国内认证机构拓展国际业务，推动认证与对外投融资项目、建设项目配套服务，助推我国企业"走出去"和国际产能合作；四是提升我国光伏逆变器产品认证国际影响力。积极参与和主动引领光伏逆变器产品认证国际标准、规则制定，向国际社会提供质量认证"中国方案"，培育具有国际影响力的中国认证品牌。加强国际化人才培养和输出，扩大在相关国际组织中的影响力。

参考文献

[1] 陈坚，康勇. 电力电子学——电力电子变换和控制技术 [M]. 北京：高等教育出版社，2011.

[2] 王兆安，刘进军. 电力电子技术 [M]. 北京：机械工业出版社，2010.

[3] 刘振亚. 全球能源互联网标准体系研究 2018 [M]. 北京：中国质检出版社，2018.

[4] 王锡凡，肖云鹏，王秀丽. 新形势下电力系统供需互动问题研究及分析 [J]. 中国电机工程学报，2014 (29)：5018 - 5028.

[5] 中国光伏行业协会. 中国光伏产业发展路线图 [R]，2019.

[6] 国家电网有限公司. 面向高海拔、大容量移动式光伏并网试验检测及分析评价技术研究 [R]，2014.

[7] 国家电网有限公司. 太阳能光伏系统户外试验场技术研发与示范 [R]，2017.

[8] 张军军，秦筱迪，郑飞. 光伏发电并网试验检测技术 [M]. 北京：中国水利水电出版社，2017.

[9] 国家市场监督管理总局，中国国家标准化管理委员会. 光伏发电并网逆变器检测技术规范：GB/T 37409—2019 [S]. 北京：中国标准出版社，2019.

[10] 李龙. 电池模拟器技术综述. 科技风，2019 (2)：223.

[11] 沈玉梁. 跟随样品太阳电池的光伏阵列模拟器 [J]. 太阳能学报，1997 (4)：448 - 451.

[12] 苏建徽，余世杰，赵为，等. 数字式太阳电池阵列模拟器 [J]. 太阳能学报，2002，23 (1)：104 - 114.

[13] 范耀华. 基于 STM32 的太阳能电池模拟器的研究与设计 [D]. 广州：广东工业大学，2019.

[14] 张军军，李红涛，黄晶生，等. 光伏发电户外实证测试技术 [M]. 北京：中国水利水电出版社，2019.

[15] 中华人民共和国国家质量监督检验检疫总局，中国国家标准化管理委员会. 并网光伏发电专用逆变器技术要求和试验方法：GB/T 30427—2013 [S]. 北京：中国标准出版社，2013.

[16] 国家能源局. 光伏并网逆变器技术规范：NB/T 32004—2018 [S]. 北京：中国电力出版社，2018.

[17] 国家能源局. 光伏发电站逆变器电能质量检测技术规程：NB/T 32008—2013 [S]. 北京：中国电力出版社，2013.

[18] 国家能源局. 光伏发电站逆变器电压与频率响应检测技术规程：NB/T 32009—2013 [S]. 北京：中国电力出版社，2013.

[19] 国家能源局. 光伏发电站逆变器防孤岛效应检测技术规程：NB/T 32010—2013 [S]. 北京：中国电力出版社，2013.

[20] 国家能源局. 光伏发电站逆变器效率检测技术要求：NB/T 32032—2016 [S]. 北京：中国电力出版社，2016.

［21］ 国家能源局. 光伏发电站逆变器电磁兼容性检测技术要求：NB/T 32033—2016 ［S］. 北京：中国电力出版社，2016.

［22］ 国家能源局. 光伏并网微型逆变器技术规范：NB/T 42142—2018 ［S］. 北京：中国电力出版社，2018.

［23］ International Electrotechnical Commission. Utility – interconnected photovoltaic inverters – Test procedure of islanding prevention measures：IEC 62116—2014 ［S］. Geneva，Switzerland：International Electrotechnical Commission，2014.

［24］ VDE. Technical requirements for the connection and operation of customer installations to the high voltage network (TCR high voltage)：VDE – AR – N 4120：2018 – 11 ［S］. Offenbach：VDE，2018.

［25］ VDE. Generators connected to the low – voltage distribution network – Technical requirements for the connection to and parallel operation with low – voltage distribution networks：VDE – AR – N 4105：2018 – 11 ［S］. Offenbach：VDE，2018.

［26］ International Electrotechnical Commission. Utility – interconnected photovoltaic inverters – Test procedure of Low Voltage Ride – Throughmeasurement：IES TS 62910：2015 ［S］. Geneva，Switzerland：International Electrotechnical Commission，2015.

［27］ 中国标准化协会. 认证的原则与实践 ［M］. 北京：中国科学技术出版社，1982

［28］ 光伏发电并网逆变器产品认证实施规则：CEPRI – B – 204 – 01/2016 ［S］，2016.

［29］ 北京鉴衡认证中心. 并网光伏发电专用逆变器认证技术条件：CNCA/CTS 0004 – 2009A ［S］，2009.

［30］ 中国质量认证中心. 光伏并网逆变器“领跑者”认证规则：CQC33 – 461394—2015 ［S］，2015.

［31］ 中国质量认证中心. 光伏发电系统用并网逆变器认证规则：CQC33 – 461239—2013 ［S］，2013.

［32］ Accreditation criteria for the competence of testing and calibration laboratories：ISO/IEC17025：2017 ［S］，2017.

［33］ 中国合格评定国家认可委员会. 检测和校准实验室能力认可准则：CNAS – CLO1：2018 ［S］，2018.

［34］ 中国合格评定国家认可委员会. 检测和校准实验室能力认可准则在光伏产品检测领域的应用说明：CNAS – CL01 – A021 ［S］，2019.

［35］ 陈志磊，秦筱迪，夏烈，等. 光伏发电并网认证技术 ［M］. 北京：中国水利水电出版社，2018.

第6章

光伏逆变器实证技术

光伏发电站运行寿命通常约为 25 年，光伏发电设备的设计鉴定与定型通常是在实验室模拟环境中获得的，但在真实应用环境下，随着光伏发电站运行年限的增加，设备性能暴露的问题也呈逐年增加趋势。为此，国内外研究机构着手建立光伏系统户外实证平台来验证光伏发电设备的运行性能。国外从 20 世纪 80 年代开始逐步建设了一批光伏系统户外实证性测试平台，积累了大量实证数据，有力支撑了光伏产业的发展、产品的应用及推广。我国光伏户外实证技术研究起步较晚，自 2014 年起才逐步开展户外实证技术研究及户外实证场的建设。光伏系统户外实证测试作为实验室环境测试的延续与补充，为光伏系统的综合评估、性能提升、电站设计优化以及新技术的推广提供了更加科学的解决方案，因此开展光伏系统户外实证测试显得非常必要。

6.1 光伏户外实证测试技术概况

6.1.1 国外光伏户外实证测试技术发展现状

欧美多国从 20 世纪 80 年代开始，陆续从国家层面推动建设了一批光伏系统户外实证测试平台，通过对光伏电池组件、光伏逆变器和光伏发电系统开展户外实证测试，获取大量第一手的实证数据，有力支撑了本国光伏发电产业的发展，产品应用的推广以及新技术、新材料、新工艺的发展。比较有代表性的实证场有建于美国亚利桑那州的 TüV 莱茵光伏测试实验室、美国 ATLAS 公司的凤凰城户外测试场、德国的弗朗霍夫太阳能发电系统研究所（Fraunhofer Institute for Solar Energy Systems）、德国的太阳能和氢研究中心（Centre for Solar Energy and Hydrogen Research Baden‑Württemberg）、荷兰能源研究中心（Energy research Centre of the Netherlands）、瑞士南方应用科技大学（The University of Applied Sciences and Arts of Southern Switzerland）建立的户外实证性测试场等。

美国 2007 年启动的太阳能技术项目，由美国能源部发起，美国国家新能源实验

· 110 ·

室（National Renewable Energy Laboratory，NREL）和美国圣地亚国家实验室（Sandia National Laboratories，SNL）牵头开展全美范围内光伏系统的户外实证性测试，依托全美已通过验收的光伏发电站开展现场数据采集及示范，其中最大的电站位于内华达州内利斯空军基地，容量达到 15MW。此外，美国杜邦公司在光伏组件户外实证测试方面也处于世界领先的地位，分别在全球多地建有光伏户外实证测试点，建有西班牙 2.3MW 测试场、北美 40MW 测试场。杜邦公司的测试对象主要为光伏组件，主要测试光伏组件发电效率与使用年限，其位于中国海南、上海、云南以及日本川崎的四个测试点的运行年限已分别达到 15 年、5 年、10 年和 11 年。

6.1.2 国内光伏户外实证测试技术发展现状

2014 年，国家能源局批复中国质量认证中心筹建国家能源太阳能、风能发电系统实证技术重点实验室，根据我国的气候分区，分别建立了琼海、广州、拉萨、吐鲁番、海拉尔、西宁、上海和三亚 8 个实验基地，实证测试站点及气候类型见表 6-1，典型组件实证试验基地如图 6-1 所示。实证基地通过对监测数据的分析和诊断，实现对产品及系统寿命和可靠性的评估。

表 6-1　　　　　　　　　　实证测试站点及气候类型

地点	气候类型	纬度	经度	海拔/m	年最高温度/℃	年最低温度/℃	年平均湿度/%	年平均降水量/mm	年太阳辐照量/（MJ/m²）
琼海	湿热	19°14′	110°28′	10.00	39	10	86	1921.8	5191
广州	亚湿热	23°08′	113°17′	6.00	37.3	6.3	79	1492	4590
拉萨	高原	29°40′	91°08′	3648.00	28.1	−16.5	44	426.4	7298.4
吐鲁番	干热	42°56′	89°12′	80.00	49.6	−14.6	28	4.2	5513
海拉尔	寒冷	49°08′	120°03′	647.00	23.9	−38.49	60	316.5	4636.0
西宁	荒漠	36°37′	107°46′	2262.00	33.5	−24.9	54	380	5368
上海	暖温	31°10′	121°26′	8.60	38.2	−10.1	75	1123	4514
三亚	湿热海洋	18°13′	109°32′	7.00	35	13.3	83	1263	6140

我国于 2015 年正式启动光伏"领跑者"计划，并在 2015 年《关于促进先进光伏技术产品应用和产业升级的意见》（国能新能〔2015〕194 号）中对"领跑者"基地项目的关键设备（组件和逆变器）指标、系统指标提出了明确的要求，见表 6-2。国家《太阳能发展"十三五"规划》明确提出了建立健全光伏标准及产品质量检测认证体系的目标任务。建设实证监测平台，采用长期实证监测手段，可有效对光伏发电站关键部件能否满足"领跑者"性能要求进行长期监管，同时为提高光伏发电站关键设备效率提供数据支撑。

（a）海南琼海湿热环境实证试验基站（2万 m²）　　（b）吐鲁番干热环境实证试验基站（133万 m²）

（c）广州亚湿热环境试验场（1万 m²）　　（d）拉萨高原环境试验基地（3000m²）

（e）海拉尔寒冷环境试验基地（5000m²）　　（f）三亚湿热海洋环境试验基地（2000m²）

图 6-1　典型组件实证试验基地

表 6-2　　　　　　　　　　　领跑者计划对光伏发电项目各项指标要求

年份	相关文件编号	多晶硅电池组件的光电转换效率	单晶硅电池组件的光电转换效率	逆变器效率	系统效率
2015	国能新能〔2015〕194号	16.5%以上	17%以上	含变压器中国加权效率不低于96%，不含变压器中国加权效率不低于98%；最高效率不低于99%	≥81%
2016	国能新能〔2016〕166号	多晶16.5%、单晶17%，新型高效电池加分			
2017	国能发新能〔2017〕54号	17%以上（应用领跑）18%以上（技术领跑）	17.8%以上（应用领跑）18.9%以上（技术领跑）		

　　国家能源太阳能发电研发（实验）中心依托我国光伏"领跑者"基地，于2016年建成大同光伏"领跑者"基地1MW先进技术光伏实证平台，于2017年建成芮城光

伏"领跑者"基地 6.73MW 先进技术光伏实证测试平台。两个实证平台针对"领跑者"基地内使用的全部类型光伏组件和逆变器开展长期户外实证测试，国家能源太阳能发电研发（实验）中心实证平台如图 6-2 所示。随着 2018 年我国第三批"领跑者"计划的实施，国家能源太阳能发电研发（实验）中心将建成涵盖多个典型气候区的光伏"领跑者"基地先进技术实证平台。

（a）大同实证平台

（b）组件实证区

（c）芮城实证平台

（d）逆变器实证区

图 6-2　国家能源太阳能发电研发（实验）中心实证平台

2017 年由中科院电工所与黄河上游水电开发有限责任公司牵头建设的我国首座百兆瓦太阳能光伏发电实证基地在青海全面建成并运行。该实证基地拥有 31 种类型组件实验区、21 种形式支架实验区、15 种类型逆变器实验区、30 种不同设计对比实验区、17 种综合对比实验区，成为国际上光伏组件种类及系统运行方式最全、容量最大的实证性研究基地。

2018 年中国电力科学研究院有限公司依托国家科技支撑计划项目在河北省张北地区建成了 30kW 光伏组件户外测试平台和 1.5MW 光伏 BOS 部件及光伏发电系统户外测试平台，成为国际上首座涵盖光伏组件和部件实证以及系统并网性能实证的综合性能户外实证测试平台。

6.1.3　光伏户外实证测试的作用和意义

国内外对光伏发电部件的性能测试通常在实验室内通过模拟户外的应用环境开

展,无法真实反映光伏设备的实际运行性能。以光伏逆变器效率测试为例,在实验室环境条件下测试时,通常利用直流电源模拟光伏阵列,模拟电源输出电压稳定,而且实验室温度稳定,而在光伏发电站现场由于受辐照度波动影响,光伏阵列输出波动较大,而且运行温度在一天/一年之中变化也较大,实验室测试的条件比较理想,导致实验室测试值与电站现场实际运行性能差别较大,开展覆盖全类型典型气候环境的光伏户外实证测试技术研究意义重大。

1. 弥补实验室环境测试不足

开展光伏户外实证技术研究有助于弥补实验室测试结果的不足,开展真实运行环境下不同材料、不同结构、不同工艺、不同技术路线及设备性能对比,开展光伏设备及系统在不同应用场景下发电性能、耐候性及可靠性分析。

2. 应对光伏技术路线多样化发展趋势

光伏发电技术路线近年来发展呈现多样化发展趋势。光伏逆变器分别出现了集中式逆变器、组串式光伏逆变器、集散式逆变器以及巨型逆变器并存的局面。在光伏应用模式方面,除传统的地面光伏发电站与屋顶分布式光伏发电站外,又涌现出光伏＋渔业、光伏＋农业、光伏＋牧业、光伏＋林业等多种应用模式。因此,开展光伏户外实证技术研究为光伏新技术、新产品、新应用模式提供了验证平台,对促进技术进步具有重要价值。

3. 电站设计与区域电网规划

光伏户外实证的主要目的是给光伏发电站关键部件和光伏发电系统的实际工况运行特性提供数据支持和性能验证。短期来看,光伏组件和逆变器的实证结果可以和功率预测相结合,得到更为准确的功率曲线。长期来看,实证数据有利于光伏发电站的精细化设计,并同区域电网规划相结合。

4. 社会与经济价值

开展光伏户外实证技术研究与应用,可以为我国政府能源管理部门制定新能源政策提供技术支撑,有助于推动我国光伏产业升级和技术进步,进而加快光伏发电平价上网进程,保障我国新能源战略顺利实施。

6.2 光伏逆变器实证平台设计

6.2.1 设计原则与系统架构

6.2.1.1 设计原则

光伏发电户外实证测试平台在总体设计时,应遵循如下原则:

1. 公平性原则

户外实证测试平台的设计应保证所有被测组件外部环境一致，被测逆变器外部环境一致；被测组件及逆变器加装由第三方机构计量校准的监测设备；监测设备定期校准，确保结果准确。

2. 信息安全性原则

所有测试设备通信应遵循电站建设地相关部门信息安全要求，采用相关安全机制和技术手段保障系统监测信息的应用安全、数据安全、主机安全、网络安全。

3. 可靠性原则

设施应满足在工作期间内可靠运行的要求，系统关键环节软硬件资源设计采用高可用性方案，保证系统运行的高度可靠。

4. 可扩展性原则

设施应采用柔性设计，拥有良好的可扩展性，具备灵活配置能力，能随着监测需求变化灵活重组与调整。

6.2.1.2　系统架构

光伏发电户外实证测试平台架构图如图 6-3 所示，主要包括：

（1）三大主体测试系统，分别为气象资源户外实证测试系统、光伏组件户外实证测试系统和光伏逆变器户外实证测试系统。

（2）三大辅助服务系统，分别为光伏实证平台通信系统、光伏实证平台数据存储系统和光伏实证平台数据分析展示系统。

（3）实证平台运行维护方案，包括气象实证系统运维方案、光伏组件实证系统运维方案和光伏逆变器实证系统运维方案。

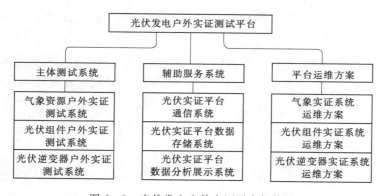

图 6-3　光伏发电户外实证平台架构图

以位于山西大同的我国首个光伏"领跑者"先进技术实证平台为例，如图 6-4 所示，其中 A 区域为光伏信息中心、B 区域为光伏组件户外实证测试系统、C 区域为光伏逆变器户外实证测试系统、D 区域为气象资源户外实证测试系统、E 区域为光伏组件户外 STC 测试装置。

图 6-4　我国首个光伏"领跑者"先进技术实证平台

光伏信息中心用于收集光伏实证平台内各系统的测试数据，并对数据进行存储、解析、分析与展示。

光伏组件户外实证测试系统，具备对多块光伏组件的长期衰减特性进行在线测试，监督光伏组件质量。针对光伏组件测试数据进行综合分析，可实现组件各类参数、曲线的自动处理与绘制。

光伏逆变器户外实证测试系统，具备对各种类型逆变器进行实证监测的能力，监测运行中长期发电量、逆变器效率等性能参数。在该区域内还具备光伏组串一致性实证测试装置，装置对各方阵的光伏组串抽取一定容量，配置多通道组串 I-U 监测仪实现对汇流箱的长期 I-U 特性监测和记录，结合气象要素综合监测系统的气象信息进行分析，可评估各组串的发电能力、发电效率、失配程度等特性，为系统效率评估提供支持。

气象资源户外实证测试系统，实现光伏发电站气象资源中长期监测与分析，为光伏组件户外实证测试系统、光伏逆变器户外实证测试系统测试数据提供气象信息。

光伏组件户外 STC 测试装置在组件进行实证测试前和实证测试中，定期给组件提供 STC 条件功率标定。

6.2.1.3　选址原则

光伏实证平台选址在满足传统光伏发电站选址原则的基础上，针对其测试的特殊性，其场地还应满足如下要求：

实证平台可选择地势平坦的地区；高地或者北高南低的坡度地区，周围无树木等障碍物的近处阴影遮挡，尽量减小远处阴影遮挡。

实证平台中气象资源户外实证测试系统应与光伏组件户外实证测试系统相邻，同时需保证气象资源户外实证测试系统全年无近处阴影遮挡。

6.2.2　气象资源测试系统

气象资源户外实证测试系统主要为实证平台提供部件性能评估的全部气象要素数据。测试区中的模块包括风速、风向传感器；温湿度传感器；黑白板温度传感器；红外辐射传感器；总辐照传感器；紫外辐照传感器；气压计以及雨量筒等，气象资源户外实证测试系统如图6-5所示。

图6-5　气象资源户外实证测试系统

在安装过程中，应当选择四周全年无遮挡并且靠近光伏组件户外实证测试系统的地区进行安装，同时应安装围栏，对设备进行隔离，同时应及时处理系统周围的杂草，以免其生长过高遮挡辐照计。

在系统中，依据《非金属材料大气环境暴露试验标准实施规程》（*Standard Practice for Atmospheric Environmental Exposure Testing of Nonmetallic Materials*）（ASTM G7-2013）标准，配合光伏户外实证测试系统提供气象数据，选用4个相同型号的总辐照度传感器，分别按照5°、45°、最佳倾角和当地纬度进行安装，与光伏组件户外实证测试系统中光伏组件安装的四个角度相对应，其监测数据可为光伏组件实证监测结果提供辐照信息数据。在实证系统内部，气象资源户外实证测试系统数据采集装置常采用RS485或无线传输方式进行通信。

气象资源户外实证测试系统将测试数据传输至信息中心，数据传输可达1min/次，气象要素传输数据见表6-3。

6.2.3　光伏逆变器实证测试系统

6.2.3.1　光伏逆变器户外实证测试需求

光伏逆变器实证测试系统可针对逆变器的发电量、转换效率、性能参数等进行长

表 6-3　　　　　　　　　　　　气 象 要 素 传 输 数 据

序号	传输数据	序号	传输数据
1	供电电压	22	最佳倾角总辐照度
2	数据采集设备工作状态	23	5°总辐照量
3	大气温度	24	45°总辐照量
4	平均温度	25	当地纬度总辐照量
5	最大温度	26	最佳倾角总辐照量
6	最小温度	27	5°紫外辐照度
7	大气湿度	28	最佳倾角紫外辐照度
8	平均湿度	29	5°紫外辐照量
9	最大湿度	30	最佳倾角紫外辐照量
10	最小湿度	31	5°红外辐照度
11	水气压	32	最佳倾角红外辐照度
12	大气压	33	5°红外辐照量
13	风速	34	最佳倾角红外辐照量
14	平均风速	35	黑板温度
15	风向	36	黑板平均温度
16	评价风矢量方向	37	黑板最大温度
17	雨量	38	黑板最小温度
18	日照时数	39	白板温度
19	5°总辐照度	40	白板平均温度
20	45°总辐照度	41	白板最大温度
21	当地纬度总辐照度	42	白板最小温度

期户外实证监测，验证长期运行过程中光伏逆变器性能指标是否满足相关标准要求，并进行不同光伏逆变器间的横向性能比较。测试区对该基地内各种类型和厂家的光伏逆变器进行抽样，根据逆变器中 MPPT 模块数量，在各类型光伏逆变器直流侧加装直流计量柜，其中包含直流电能表、直流电流传感器；在逆变器交流侧加装交流计量柜，其中包含交流电能表、交流电流传感器。结合气象资源数据和光伏组件运行监测数据，可开展不同类型光伏逆变器在多种不同工况下的运行性能评估，为光伏逆变器的选型、评价、标准制定提供数据支撑。

根据光伏逆变器效率实验室测试标准，仅需要测试逆变器在固定功率点下 MPPT 跟踪效率以及转换效率。在逆变器现场运行过程中，逆变器的长期运行效率、运行可靠性等则更受到电站业主关注。光伏逆变器实验室测试与现场运行需求对比见表 6-4。

表 6-4 　　　　　　　　　光伏逆变器实验室测试与现场运行需求对比

逆变器现场需求	实验室测试项目
跟踪光伏阵列最大功率点的能力	静态 MPPT 效率
	动态 MPPT 效率
逆变器效率	转换效率、综合效率
逆变器启停机功率	逆变器开启功率
逆变器发电量对比	—
逆变器发电性能对比	—
逆变器故障率	—
逆变器应对阴影能力	—

　　光伏逆变器按照应用系统分类主要有集中式光伏逆变器、集散式光伏逆变器和组串式光伏逆变器，根据对不同类型光伏逆变器拓扑结构分析，在进行逆变器效率户外测试时，需要考虑不同拓扑结构逆变器内 MPPT 结构以及逆变器电流传感器的选型。不同类型光伏逆变器效率测试需求见表 6-5。

表 6-5 　　　　　　　　　　不同类型光伏逆变器效率测试需求

逆变器类型	结构特点	测试需求
集中式光伏逆变器	直流侧通过 1～2 次汇流进入逆变器中，在逆变器内进行 MPPT 跟踪，逆变器输入/输出电流较大	交/直流侧传感器有较宽的电流测量范围
集散式光伏逆变器	采用智能汇流箱，汇流箱中具备多路 MPPT 模块，逆变环节输入/输出电流较大	效率为智能汇流箱的转换效率，在直流侧需要对智能汇流箱的每一路 MPPT 模块进行单独测试，交流侧传感器有较宽的电流测量范围
组串式光伏逆变器	直流侧无外部汇流、存在多路 MPPT 模块，输入/输出电流较小	在直流侧需要对每一路 MPPT 模块进行单独测试

　　由表 6-5 可以看出，在组串式光伏逆变器及集散式逆变器中，其直流侧存在多路 MPPT，在现场实证测试中，为了准确反映逆变器真实运行情况，需要对逆变器内每一路 MPPT 模块输入电压、电流、功率等分别进行单独测试，再在测试上位机内部对测试的结果进行处理。

　　在集中式光伏逆变器及集散式光伏逆变器交流侧，受逆变器装机容量及辐照度波动的影响，逆变器电流在全天有较大的波动，其电流在工作时段变化范围可达上千安培。为了保证在宽范围内逆变器电流测试的准确性，设计时应考虑电流传感器的宽量程。

6.2.3.2　光伏逆变器交直流在线测试装置

　　为了实现光伏逆变器效率的户外实证测试，根据光伏逆变器户外实证测试需求，光伏逆变器户外实证测试装置主要分为直流测试模块、交流测试模块以及数据采集系统。

1. 直流测试模块

直流测试模块主要针对组串式光伏逆变器和集散式光伏逆变器的智能汇流箱进行监测，这类型设备的特点是采用多路 MPPT 进行控制，每路 MPPT 控制模块接入多串光伏组串。为了准确测试光伏逆变器直流侧电压与电流参数，需要针对逆变器每个 MPPT 控制模块进行测试。为此，需要一种可同时测试多路 MPPT 模块的直流测试模块，直流测试模块的接入对光伏逆变器正常工作状态无影响。

组串式光伏逆变器测试系统直流测试模块串接在光伏组串和组串逆变器之间，先并联汇流后再分开接入到光伏逆变器：将每一路 MPPT 单元的多路直流光伏组串输出在系统内进行汇流，然后再分流输出至组串式光伏逆变器。二次侧信号输出与数据采集系统直接匹配。直流测试模块单 MPPT 单元示意图如图 6-6 所示。

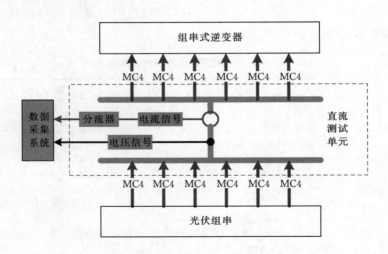

图 6-6 直流测试模块单 MPPT 单元示意图

2. 交流测试模块

根据逆变器交流侧结构，在逆变器交流侧安装交流测试模块，用于测量逆变器交流侧电压、电流、功率等参数。交流测试模块一次侧安装在逆变器交流输出端，二次侧信号与数据采集系统匹配，交流测试模块单相示意图如图 6-7 所示。

3. 数据采集系统

逆变器效率户外实证测试数据采集系统包括数据采集模块、电压模块、电流模块。数据采集模块需要实现 500MB 以上存储容量，并具备扩展存储功能；电压、电流采集模块隔离电压应满足 1000V 测试需求，采样率应达到 100kHz，同时应支持设备之间信号同步，精度达到 0.05% 以上。

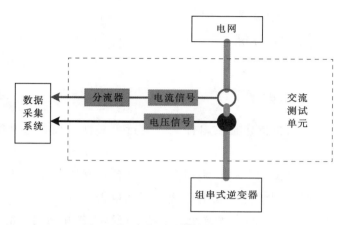

图6-7　交流测试模块单相示意图

4. 系统搭建

在建设光伏逆变器户外实证测试系统时，对于被测逆变器的抽选和户外实证测试系统的设计原则如下：

（1）每种类型逆变器随机抽取两台进行监测，监测逆变器交、直流侧数据，对于集散式逆变器，还应抽测其智能汇流箱。

（2）应确保抽选被测光伏逆变器直流侧所连接的光伏组件型号相同，阵列与逆变器的容配比尽量一致。

（3）所有被抽测光伏逆变器直流侧所连接阵列应采用相同倾角或采用相同跟踪方式。

光伏逆变器户外实证测试系统对各种类型和厂家的光伏逆变器进行抽样，根据逆变器中MPPT模块的数量，在各类型光伏逆变器直流侧加装直流测试模块，模块中包含直流电流传感器及直流数据采集系统；同时在逆变器交流侧加装交流测试模块，模块中包含交流电流传感器及交流数据采集系统，智能汇流箱和组串式光伏逆变器监测系统示意图如图6-8所示。光伏逆变器实证测试平台如图6-9所示。

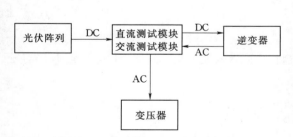

图6-8　智能汇流箱和组串式光伏逆变器监测系统示意图

图6-9　光伏逆变器实证测试平台

6.3 光伏逆变器实证方法

6.3.1 光伏逆变器实证测试要求

光伏逆变器实证测试主要包括发电性能、运行可靠性等项目，被实证测试的光伏逆变器应满足如下要求：

（1）开展户外实证测试的并网光伏逆变器应具备正常工作的能力，提供其关键技术参数等基础信息、型式测试报告或出厂功能测试报告。

（2）在测试期内，被测并网光伏逆变器应具备持续正常并网发电的能力。期间运维人员可对被测样品进行必要的运行管理和维护，记录并统计其月度事件，包括异常/故障检修和计划运维事件；运维过程中如有更换元器件，应记录更换前后的器件型号和数量、更换原因及更换时间。

（3）并网光伏逆变器户外实证测试应以年为周期，至少一个周期，以覆盖全部季节内的性能表现。

6.3.1.1 发电性能实证测试

1. 转换效率实证测试

并网光伏逆变器的转换效率实证测试步骤如下：

（1）在光伏逆变器直流侧和交流侧安装电气量测量装置，在实证测试期内同步监测并记录直流和交流发电量数据；采样周期 10s，存储周期 1min（记录此时间段内的平均值）。

（2）计算实证测试期的光伏逆变器平均转换效率。

2. 发电量实证测试

并网光伏逆变器发电量实证测试步骤如下：

（1）在光伏逆变器交流侧安装电量测量装置，在实证测试期内监测并记录交流发电量数据；采样周期 10s，存储周期 1min（记录此时间段内的平均值）。

（2）计算实证测试期的光伏逆变器总发电量。

6.3.1.2 运行可靠性实证测试

1. 计划停运系数

根据记录的光伏逆变器月度事件，统计实证测试期 τ 时段内的计划停运小时与统计期间小时，并计算计划停运系数，其公式为

$$POF = \frac{POH}{PH} \times 100\%\qquad(6-1)$$

式中 POF——计划停运系数；

POH——计划停运时间，h；

PH——统计时间，h。

2. 非计划停运系数

根据记录的光伏逆变器月度事件，使用实证测试期 τ 时段内的非计划停运时间与统计时间，计算非计划停运系数，其公式为

$$UOF = \frac{UOH}{PH} \times 100\%\qquad(6-2)$$

式中　UOF——非计划停运系数；

UOH——非计划停运时间，h；

PH——统计时间，h。

3. 可用系数

根据记录的光伏逆变器月度事件，使用实证测试期时段内的可用时间与统计时间，计算可用系数，其公式为

$$AF = \frac{AH}{PH} \times 100\%\qquad(6-3)$$

式中　AF——可用系数；

AH——可用时间，h；

PH——统计时间，h。

4. 运行系数

根据记录的光伏逆变器月度事件，使用实证测试期时段内的运行时间与统计时间，计算运行系数，其公式为

$$SF = \frac{SH}{PH} \times 100\%\qquad(6-4)$$

式中　SF——运行系数；

SH——运行时间，h；

PH——统计时间，h。

光伏逆变器的户外运行性能直接影响着光伏发电系统的发电量，因此，研究并建立可以反映不同工况下逆变器运行特性的户外运行模型，对评估光伏系统户外运行性能至关重要。

6.3.2　光伏逆变器户外运行模型

6.3.2.1　逆变器性能模型描述

逆变器性能参数较多，输入端性能参数主要包括最大直流功率、最大直流电压、最大直流电流、功率阈值、最大功率点额定电压、最大功率点电压范围等。输出端性能参数主要包括电网额定频率、电网额定电压、额定交流功率、额定交流电流、最大

交流功率、最大交流电流、输出功率。

　　逆变器户外运行模型主要用于分析光伏实证电站的逆变器运行数据，通过测量得到的长期数据可以分析光伏逆变器的运行性能，数据跨度可以是数周或数月，选取原则为只需时间跨度内包含足够多的不同运行工况。户外实证提供了成千上万条不同功率和电压下的测试数据，范围涵盖启动到超过最大峰值功率等级。但是，户外环境下的直流电压不能被精确控制，故无法按照 CEC 效率或中国效率实验室测量那样选取固定值的电压测试点。现场测试的优点在于获取了系统真实条件下的运行数据，同时，该数据可以防止实验室测试中可能存在的测试设备与逆变器之间的互相干扰问题。60kW 组串式光伏逆变器实际测试结果如图 6 - 10 所示，其测试时长为 2 周。

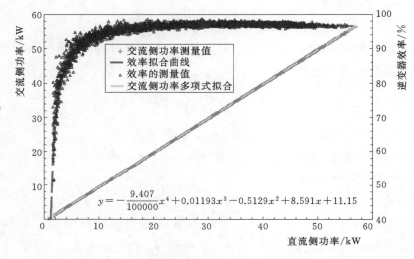

图 6 - 10　60kW 组串式光伏逆变器实际测试结果

　　从图 6 - 10 中可以看出测试的交流侧功率与直流侧功率之间的关系，无论是多云还是晴天，在整个直流输入功率范围内，光伏逆变器交直流功率呈现线性关系。但是，不同电压及功率等级下的光伏逆变器损耗以及电路特性导致了逆变器交流功率与直流功率的非线性。图 6 - 10 同样展示了光伏逆变器效率测试值，呈非线性。在光伏系统建模中，逆变器效率常常被认为是一个恒定值，或者认为在运行范围内线性变化，这些都与实际情况不符。逆变器效率点的分布来自直流输入电压、逆变器自身运行特性、辐照度的变化以及测试误差等的综合作用。

　　逆变器的性能稳定是光伏系统性能可靠的先决条件，也是模型参数提取的先决条件。同样，光伏阵列性能的稳定是光伏系统高可靠性的先决条件。因此，在实验室测试时，逆变器测试流程必须精确，可重复进行同时不会引入电气不稳定因素，尽管如此，逆变器实验室测试不能代表光伏系统的真实现场运行情况。

　　需要注意的是，此处光伏逆变器的 MPPT 效率没有被包含在效率模型当中。第一，MPPT 效率现在已经能达到非常高，大概为 $98\%\sim100\%$；第二，MPPT 效率非常难于测试，因为它需要同步测试输入到逆变器的直流功率以及光伏阵列的最大功率点。在多数情况下，当逆变器在搜索光伏阵列的最大功率点时，逆变器的运行电压在合理的范围内会有一个迅速的变化。

逆变器运行温度或者环境温度都没有被包含在该性能模型中，其原因有：一是具备 CEC 认证资格的实验室开展的逆变器测试是在不同环境温度下（$25\sim40℃$）进行的，其效率与温度没有很强的相关性；二是在实际应用中，逆变器安装地点和方向（车库中、外墙、阳光下、阴影处）各不相同，因此，将逆变器运行温度作为环境条件的函数的意义不大。因此，如果实验室验证了逆变器在其最高环境温度下性能是稳定的，同时逆变器已按照生产商的要求安装好后，在逆变器性能建模时，可不考虑逆变器温度。

6.3.2.2 基本公式和参数定义

采用逆变器交流功率、直流功率和直流电压定义的数学模型为

$$P_{ac} = \left[\frac{P_{aco}}{A-B} - C(A-B)\right](P_{dc}-B) + C(P_{dc}-B)^2 \qquad (6-5)$$

$$A = P_{dco}[1 + C_1(U_{dc}-U_{dco})] \qquad (6-6)$$

$$B = P_{so}[1 + C_2(U_{dc}-U_{dco})] \qquad (6-7)$$

$$C = C_0[1 + C_3(U_{dc}-U_{dco})] \qquad (6-8)$$

式中　　P_{ac}——逆变器交流侧输出功率，其值与直流输入功率和直流电压相关；

　　　　P_{dc}——逆变器直流侧输入功率，常被假定为与光伏阵列最大功率相等；

　　　　U_{dc}——直流输入电压，常被假定为与光伏阵列最大功率点电压相同；

　　　　P_{aco}——在标准工况下，逆变器的最大交流输出功率；

　　　　P_{dco}——在标准工况下，交流侧功率达到额定状况时的直流功率等级；

　　　　U_{dco}——在标准工况下，交流侧功率达到额定功率时的直流侧电压等级；

　　　　P_{so}——逆变器开启时的逆变器直流侧功率，也称逆变器自耗电，该参数严重影响逆变器在低功率等级下的效率；

　　　　C_0——在参考运行环境中逆变器交直流关系的曲率，在线性关系中其默认值为 0；

　　　　C_1——经验系数，该经验系数允许 P_{dco} 随着直流电压输入而变化，其默认值为 0；

　　　　C_2——经验系数，该经验系数允许 P_{so} 随着直流电压输入而变化，其默认值为 0；

　　　　C_3——经验系数，该经验系数允许 C_0 随着直流电压输入而变化，其默认值为 0。

为了说明模型中参数的物理意义，将模型曲线中表征关键性能参数的数据点或数据段进行放大，逆变器性能模型以及因素描述如图6-11所示。P_{ht}为阈值开启功率。

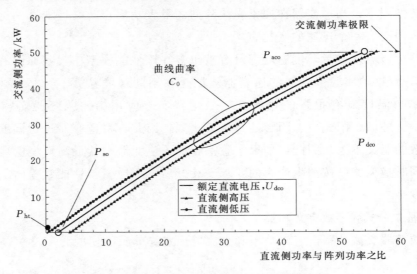

图6-11　逆变器性能模型以及因素描述

6.3.2.3　逆变器运行参数提取

1. 厂家提供参数

光伏逆变器运行模型的准确性以及适用性取决于模型中的性能参数。在构建模型时，模型可以随着更多详细测试数据来获得更多的模型参数，提高模型的准确性。最初的默认参数可以从逆变器厂家的说明书中获取。长时间系统运行过程中交直流功率的测量能够提供更多的参数并且提升精确度。最终，可以在实验室的详细测试中获取模型的所有性能参数。

2. 户外性能测试

厂家说明书的参数提供了表征光伏逆变器性能简单线性模型的参数（P_{aco}、P_{dco}、P_{so}）。这三种参数不依赖于直流电压的输入，可以用P_{aco}除以效率值得到相关联的直流功率等级P_{dco}。在厂家说明书中，通常不提供光伏逆变器直流侧开启功率P_{so}，故对P_{so}的合理预估是1‰的逆变器额定功率。

当对一段时间内的光伏逆变器直流侧输入功率和交流侧输出功率进行测试时，可以确定逆变器更多的运行性能参数，以提高逆变器性能线性模型的精度。图6-10给出了逆变器交直流侧功率以及效率的2周测试结果，测试条件包含了晴天和阴天，这里记录的数据是瞬时值。相应的直流电压也在户外测试的时候被记录。测试的交流功率以及相应的直流功率可以用一个四阶多项式来拟合以提供性能模型中的参数（P_{dco}、P_{so}、C_0）。P_{aco}被认为与数据手册中最大交流功率等级相等。这个四阶公式用于求解当$P_{ac}=0$时X轴上的截距（P_{so}）和当$P_{ac}=P_{aco}$时的P_{dco}。测试并记录一个单日的数据可以提供具有预期代表性的逆变器性能参数。

通过计算逆变器模型和实测效率之间的百分数差值，再将这种误差拟合成与实测直流功率之间的函数，进而可评估出逆变器性能模型的现场测试误差。图 6-12 为基于图 6-11 中逆变器模型数据的逆变器户外测试效率与模型计算效率误差。值得注意的是，其误差对称分布在 0 附近，并且大多数功率误差范围在 ±1％ 以内。该逆变器模型计算出的效率为 97.5％，其不确定度约为 ±0.9％。当逆变器直流侧限功率运行时，将在峰值功率等级处产生更大的误差。随着逆变器效率的快速下降，在低功率等级处也将产生较大的误差，其原因包括测试误差以及模型的边界限制。采用现场测量获取的数据可以提高实验室测试模型的精度，并在一定程度上增加模型的复杂性。

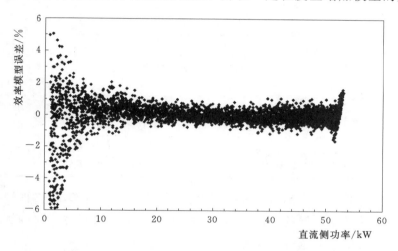

图 6-12　逆变器户外测试效率与模型计算效率误差

6.3.3　实证数据预处理方法

光伏逆变器户外实证海量的原始测试数据存在着不完整、不一致、异常的数据，严重影响到数据挖掘建模的执行效率，甚至可能导致挖掘结果的偏差，因此进行数据清洗就显得尤为重要，数据清洗完成后接着对数据进行集成、变换、规约等一系列的处理，该过程就是数据预处理。

数据预处理一方面是要提高数据的质量，另一方面是要让数据更好地适应特定的挖掘算法或工具。数据预处理的主要内容包括数据清洗、数据集成、数据变换和数据规约。

数据清理是删除、更正数据库中错误、不完整、格式有误或多余的数据；数据集成是将数据由多个数据源合并成一致的数据存储，进行综合分析；数据变换是把不同类型的数据进行标准化处理；数据归约是通过如聚集、删除冗余特征或聚类等方式来降低数据的规模。

6.3.3.1 缺失值处理

在数据分析研究中，缺失值是个非常普遍的现象，凡是涉及数据收集的情景均存在缺失值现象。缺失的数据可能会产生有偏估计，从而使样本数据不能很好地代表总体，而现实中绝大部分数据都包含缺失值，因此如何处理缺失值很重要。

缺失值的机制并非是造成缺失值的原因，而是描述缺失值与观测变量间可能的关系。缺失值的机制分为随机缺失（missing at random，MAR）、完全随机缺失（missing completely at Random，MCAR）和非随机缺失（missing not at random，MNAR）三类。将数据集中不含缺失值的变量或属性称为完全变量，数据集中含有缺失值的变量称为不完全变量，定义三种不同的数据缺失机制，缺失值机制见表 6-6。

表 6-6 缺 失 值 机 制

缺失类别	说　　明
随机缺失（MAR）	数据的缺失仅仅依赖于完全变量，即数据丢失的概率与丢失的数据本身无关，而仅与部分已观测到的数据有关
完全随机缺失（MCAR）	数据的缺失与不完全变量以及完全变量都是无关的，即数据丢失的概率与其假设值以及其他变量值都完全无关
非随机缺失（MNAR）	不完全变量中数据的缺失依赖于不完全变量本身，这种缺失是不可忽略的。有两种可能的情况：缺失值取决于其假设值；或者缺失值取决于其他变量值

从缺失值的属性上讲，如果所有的缺失值都是同一属性，那么这种缺失称为单值缺失，如果缺失值属于不同的属性，称为任意缺失。另外对于时间序列类的数据，可能存在随着时间的缺失，这种缺失称为单调缺失。

对缺失值进行处理时首先需对缺失数据进行识别，大部分数据处理工具中对缺失值通常以 NA 表示，并在数据处理工具中提供了 4 种常用的缺失值处理方法，分别为删除法、填补法、替换法、插值法。

删除法是最简单的缺失值处理方法，根据数据处理的不同角度可分为删除观测样本、删除变量两种。移除所有含有缺失数据的记录，属于以减少样本量来换取信息完整性的方法，适用于缺失值所占比例较小的情况。删除法虽然简单易行，但存在信息浪费的问题且会使数据结构发生变动，以致最后得到有偏的统计结果，替换法也有类似的问题。为解决删除法带来的信息浪费及数据结构变动等问题，常使用填补法、插值法来对缺失数据进行修复。

数据缺失值处理流程图如图 6-13 所示，可根据缺失值的类别选择缺失值的填充方法。

数据挖掘中有以下几种常用的填充方法：

1. 人工填充法

由于用户本身最了解数据，因此人工填充法可能产生的数据偏离最小。然而该方

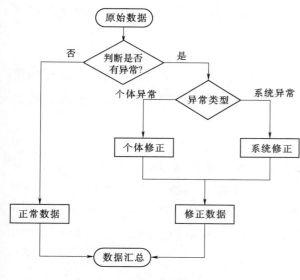

图 6-13 数据缺失值处理流程图

法较为费时，当数据规模很大、空值很多的时候，该方法不具备可行性。

2. 特殊值填充法

特殊值填充法将空值作为一种特殊的属性值来处理，它不同于其他的任何属性值。如所有的空值都用 NA 填充。这种方法可能导致严重的数据偏离，一般不推荐使用。数据读取工具一般默认将缺失值作为特殊值进行填充。

3. 平均值填充法

平均值填充法将数据表中的属性分为数值属性和非数值属性来分别进行处理。如果空值是数值型的，就根据该属性在其他所有对象中的平均值来填充该缺失的属性值；如果空值是非数值型的，就根据统计学中的众数原理，用该属性在其他所有对象中取值次数最多的值来补齐该缺失的属性值。

4. 热卡填充法

对于一个包含空值的对象，热卡填充法在完整数据中找到一个与它最相似的对象，然后用这个相似对象的值来进行填充。不同的问题可能会选用不同的标准来对相似进行判定。该方法概念上很简单，且利用了数据间的关系来进行空值估计。这个方法的缺点在于难以定义相似标准，主观因素较多。

5. K 最近邻法

K 最近邻法先根据欧式距离或相关分析来确定距离缺失数据样本点最近的 K 个样本点，将这 K 个值进行加权平均以估计该样本的缺失数据。

此方法同平均值填充法都属于单值插补，不同的是，它用层次聚类模型预测缺失变量的类型，再以该类型的均值插补。假设 $X = (X_1, X_2, \cdots, X_p)$ 为信息完全的变量，Y 为存在缺失值的变量，那么首先对 X 或其子集行聚类，然后按缺失数据所属类来插补不同类的均值。

6. 组合完整化方法

这种方法是用空缺属性值的所有可能属性取值来试，并从最终属性的约简结果中选择最好的一个作为填补的属性值。但是，当数据量很大或者遗漏的属性值较多时，其计算的代价很大。还有一种组合完整化方法是条件组合完整化方法，其填补遗漏属性值的原则相同，不同的是从决策相同的对象中尝试所有属性值的可能情况，而不是根据信息表中所有对象进行尝试。条件组合完整化方法能够在一定程度上减小组合完整化方法的代价。

7. 回归法

回归法基于完整的数据集建立回归方程和模型。对于包含空值的对象，将已知属性值代入方程来估计未知属性值，以此估计值来进行填充。当变量不是线性相关或预测变量高度相关时会导致有偏差的估计。

8. 最大期望法

在缺失类型为随机缺失的条件下，假设模型对于完整的样本是正确的，那么通过观测数据的边际分布可以对未知参数进行极大似然估计。这种方法也被称为忽略缺失值的极大似然估计，对于极大似然的参数估计实际中常采用的计算方法是最大期望法。该方法适用于大样本。有效样本的数量应足以保证估计值是渐近无偏并服从正态分布的。

9. 多重填补法

多重填补法的思想来源于贝叶斯估计，认为待插补的值是随机的，它的值来自已观测到的值。具体实践上通常是首先估计出待插补的值，然后再加上不同的噪声，形成多组可选插补值。根据某种选择依据，选取最合适的插补值。

6.3.3.2 异常值处理

将原数据录入数据分析软件进行分析时，若存在某行某变量数据错误，则会导致数据无法录入软件。此时，为了数据的完整性，需要检查数据出现错误的原因。用判断域值的方法修正，若不能修正，则直接删除。接着对数据做描述性统计分析和频数分析，通过描述性统计分析和频数分析，了解数据的最大值、最小值、均值和分位数情况，并通过分析结果来判断数据是否异常。

1. 异常值检测方法

在异常值处理之前需要对异常值进行识别，一般多采用单变量散点图或是箱线图来达到目的。可在对应数据分析软件中绘制单变量散点图与箱线图，远离正常值范围的点即视为异常值。产生异常值最常见的原因是输入错误。

常用的异常值处理有以下方法：

（1）简单统计量分析。可以先对变量做一个描述性统计，进而查看哪些数据是不合理的。最常用的统计量是最大值和最小值，用来判断这个变量的取值是否超过了合理的范围。如环境温度高于该地区历史最高温度或低于该地区历史最低温度，则该变量的取值存在异常。

（2）3σ 原则。如果数据服从正态分布，在 3σ 原则下，异常值被定义为一组测定值中与平均值的偏差超过 3 倍标准差的值。正态分布下，和平均值偏离一个标准差以内的数据会占 68.27%，偏离两个标准差以内的数据会有 95.45%，偏离三个标准差以内的数据会到 99.73%。正态分布标准差范围如图 6-14 所示。

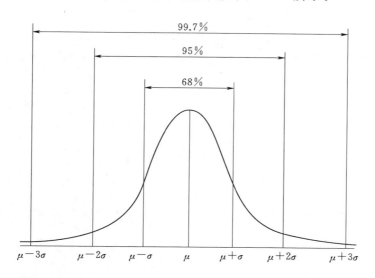

图 6-14　正态分布标准差范围

如果数据不服从正态分布，也可以用远离平均值的多少倍标准差来描述。将偏离均值三个标准差以上的点记为异常值，3σ 异常值检测如图 6-15 所示。

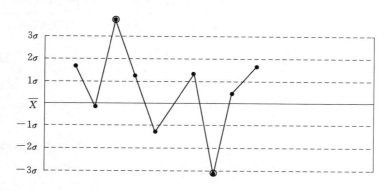

图 6-15　3σ 异常值检测

（3）箱线图分析。箱线图提供了识别异常值的一个标准，箱线图异常值检测如图 6-16 所示。异常值通常被定义为小于 $Q1-1.5IQR$ 或大于 $Q3+1.5IQR$ 的值。$Q1$ 称为下四分位数，表示全部观察值中有四分之一的数据取值比它小；$Q3$ 称为上四分位数，表示全部观察值中有四分之一的数据取值比它大；IQR 称为四分位数间距，是上四分位数与下四分位数之差，其间包含了全部观察值的一半。箱线图依据实际数据绘制，没有对数据作任何限制性要求，如服从某种特定的分布形式，它只是真实直观地表现数据分布的本来面貌。

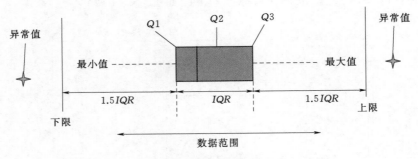

图 6-16　箱线图异常值检测

2. 异常值处理方法

在数据预处理时，异常值是否剔除需视具体情况而定，因为有些异常值可能包含有用的信息，异常值常用处理方法见表 6-7。

表 6-7　异常值常用处理方法

异常值处理方法	方法描述
删除含有异常值记录	直接将含有异常值的记录整条删除
视为缺失值	将异常值视为缺失值，按缺失值处理方法进行处理
平均值修正	可用前后两个观测值的平均值修正
不处理	直接在含有异常值的数据集上进行挖掘建模

将含有异常值的记录直接删除的方法简单易行，但缺点也很明显：①在观测值很少的情况下，这种删除会造成样本量不足；②可能会改变变量的原有分布，从而造成分析结果的不准确。视为缺失值处理的好处是可以利用现有变量的信息，对异常值进行填补。

很多情况下，要先分析异常值出现的可能原因，再判断异常值是否应该舍弃，如果是正确的数据，可以直接在具有异常值的数据集上进行挖掘建模。

6.3.3.3　时间戳对齐

户外实证测试区主要包括气象测试区和逆变器测试区，由于不同测试区所采用的测量设备和数据采集系统不一致，故所获取的数据在时间戳上会有超前或滞后。2017年某日气象组件逆变器数据片段见表 6-8。

从表 6-8 中可以看出，以气象数据时间戳为基准，组件数据中 $P_{\max}$ 的时间戳超前辐照度1min。逆变器数据中的直流功率落后辐照度1min。

由于气象数据为 $7 \times 24h$ 采集，分辨率为1min，最为精细，故以气象数据的时间戳为基准，根据组件数据和逆变器数据的超前滞后时间，按天进行时间戳对齐，时间戳对齐处理流程如图 6-17 所示。

表6-8　　　　　　　　　　　　　　　　**气象组件逆变器数据片段**

气象数据		组件数据		逆变器数据	
时间戳	辐照度/(W/m²)	时间戳	P_{max}/W	时间戳	DC功率/kW
2017-6-21 12：45	939	2017-6-21 12：44	245.812	2017-6-21 12：46	35.19
2017-6-21 12：50	987	2017-6-21 12：49	259.223	2017-6-21 12：51	36.88
2017-6-21 12：55	988※	2017-6-21 12：54	267.494※	2017-6-21 12：56	37.93※
2017-6-21 13：00	970	2017-6-21 12：59	256.707	2017-6-21 13：01	36.79
2017-6-21 13：05	971	2017-6-21 13：04	254.875	2017-6-21 13：06	36.33

注：※表示监测数据变化到峰值的量

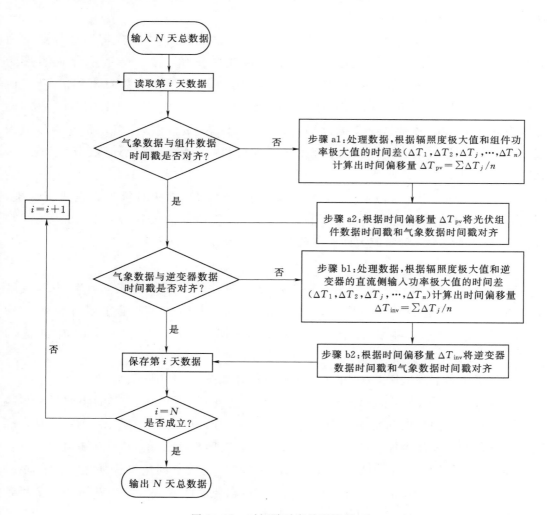

图6-17　时间戳对齐处理流程

6.3.4　光伏逆变器实证案例

6.3.4.1　综合气象监测数据分析

1. 全年气象资源概述

山西省地处华北西部的黄土高原东翼，南北长约 550km，东西宽约 290km，全年日照约 3000h，仅次于青藏高原和西北地区，是太阳能资源较丰富的地区之一。山西省水平面年均辐射量为 5020～6130MJ/m²，折合标煤 170～210kg/m²，高于同纬度的河北、北京、东北和山西以南各省市。根据大同气象站提供的 1978—2007 年的 30 年间辐照量数据，大同地区太阳辐射分布年际变化基本稳定，其数值区间稳定为 4800～6000MJ/m²，年平均太阳辐射量为 5377.40MJ/m²，近 10 年间的年平均太阳辐射量为 5313.57MJ/m²。30 年间的年最大值出现在 1993 年，达 5873.43MJ/m²，最小值出现在 1988 年，为 4802.63MJ/m²。

对大同地区 2017 年度的气象资源进行分析，该区域水平面全年累计辐照量为 5793.4MJ/m²，处于历史辐照量较高位置，最佳辐照角 37°下全年累计辐照量为 7242.3MJ/m²。水平面年日照小时数为 3261.41h，日均日照小时数为 8.94h，年峰值日照小时数为 1577.82h，日均峰值日照小时数为 4.32h。全年大于 120W/m² 平均辐照度为 578W/m²。该地区全年温度平均值为 10.1℃，最低值为 -17.8℃，中位值为 12.1℃，最高值为 36.8℃，在光伏系统工作时间内，最大运行小时数分段为 16～18℃ 这个区间。

采用支持向量机（support vector machines，SVM）方法对气象数据进行分类，得到 2017 年度大同地区晴、多云、雨、雪四种天气情况的天数分别为 153 天、146 天、61 天、5 天，2017 年度大同天气分类统计如图 6-18 所示。

2. 全年辐照统计

2017 年 1—12 月，按月分析不同角度总辐照计的累积辐照量，比较不同角度辐照计各月辐照量。5°全年累计辐照量为 5793.4MJ/m²，37°全年累计辐照量为 7242.3MJ/m²，40°全年累计辐照量为 7203.5MJ/m²，45°全年累计辐照量为 7181.4MJ/m²。

气象资源实证测试区 2017 年各月辐照量统计如图 6-19 所示。

可以看出，5°辐照量的峰值在 6 月，呈单峰分布；37°、40°、45°的辐照量呈多峰分布，且每月不同角度间辐照量差距不大。在 10 月、11 月、12 月、1 月、2 月，辐照量随着角度变大而增加。在 5 月、6 月、7 月，辐照量随着角度变大而减小。

2017 年 1—12 月，按辐照度分段统计小时数，比较不同角度辐照度区间的小时数。为直观起见，去除了小时数占比最大的极低辐照度区域（0～120W/m²）。全年各角度辐照度小时数统计直方图如图 6-20 所示。

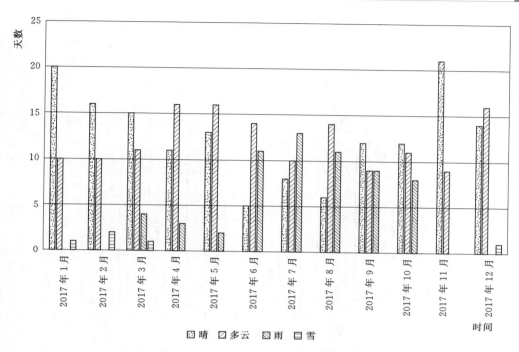

图 6-18　2017 年度大同天气分类统计

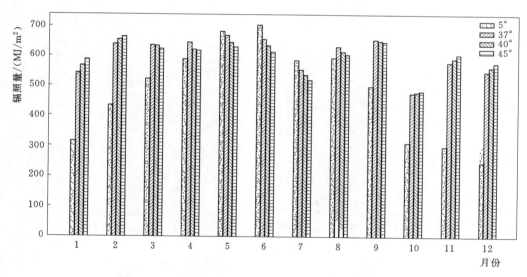

图 6-19　气象资源实证测试区 2017 年各月辐照量统计

由图 6-20 可以看出，处于 5°时位于低辐照量区段 0~600W/m² 的日照小时数较多，处于 37°、40°、45°时在高辐照量 400~1000W/m² 日照小时数较多。

取夏至日和冬至日，绘制当日辐照度随时间变化曲线，如图 6-21 所示。

可以看出，夏至日 5°和 37°辐照度几乎不变，冬至日 5°辐照度明显低于 37°辐照

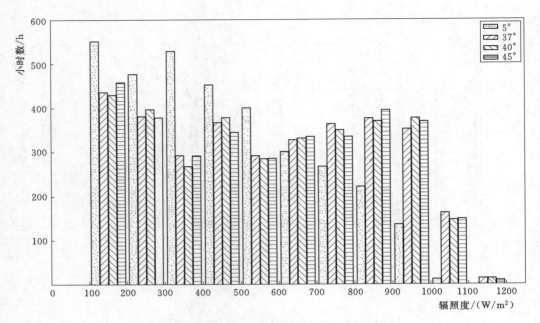

图6-20　全年各角度辐照度小时数统计直方图

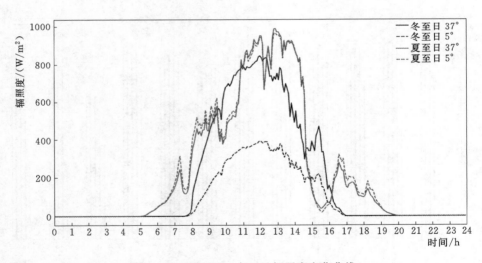

图6-21　夏至日、冬至日辐照度变化曲线

度。夏至日辐照起始时间和终止时间分别比冬至日早2h和晚2h，夏至日整体日照时间比冬至日多4h左右。

3. 各月辐照统计

绘制全年1—12月的各月分区间辐照度小时数直方图如图6-22所示。其中，根据气象台日照小时数统计标准，辐照度小于120W/m²未予统计。

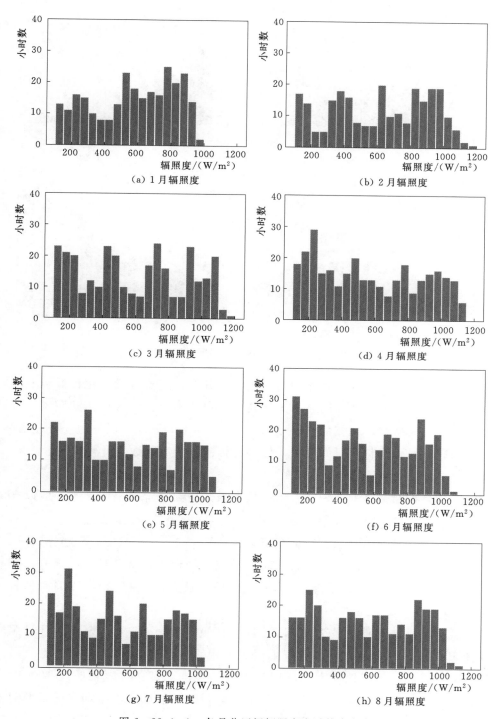

图 6-22（一）　各月分区间辐照度小时数直方图

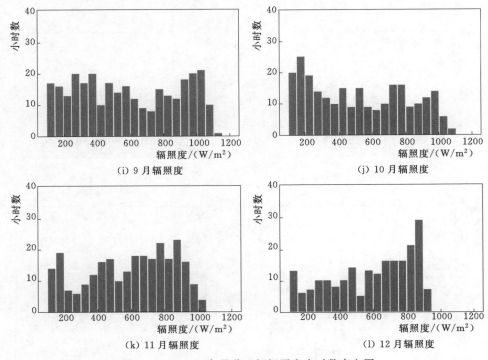

图 6-22（二）　各月分区间辐照度小时数直方图

各月辐照小时数呈现在低辐照和高辐照双峰分布，随着月份变化，低辐照小时数上升较大，其原因推测为：大同地区天气较为稳定，不存在大雾或长期阴雨天气，因此中、高辐照每天持续时间较为稳定（800～1000 W/m² 每月出现均为 50h 左右），而受太阳运动影响，夏季日照时间较长，使得低辐照部分小时数上升较快。

4. 全年日照时数统计

日照时数是指在某个地点，一天当中从太阳光达到一定的辐照度（一般以气象台测定的 120W/m² 为标准）开始一直到大于此辐照度所经过的小时数。

从 2017 年 1 月开始，统计最佳倾角下各月日照时长，全年日照时数趋势如图 6-23 所示。可以看出，随着时间变化，日照时长呈现单峰走势，从 2 月开始上升，至 6 月达到顶点，随后至 12 月开始下降。6 月最高日照时长为每日 11.5h，12 月最低日照时长为每日 7h。

该地区全年累计日照时数为 3261h，日均日照时数为 8.93h。全年各月日照时数呈单峰分布，其中 4 月、6 月、8 月日照时数较相邻月份较高。

峰值日照时数是将当地的太阳辐射量折算成标准测试条件（辐照度 1000W/m²）下的小时数。在计算太阳能光伏发电系统的发电量时一般都采用平均峰值日照时数作为参考值。该地区全年累计峰值日照时数为 1577.82h，日均峰值日照时数为 4.32h。全年峰值日照时数趋势如图 6-24 所示。

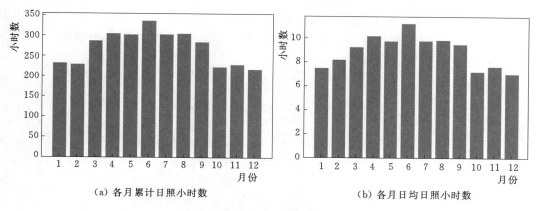

（a）各月累计日照小时数　　　　　　　　（b）各月日均日照小时数

图 6-23　全年日照时数趋势

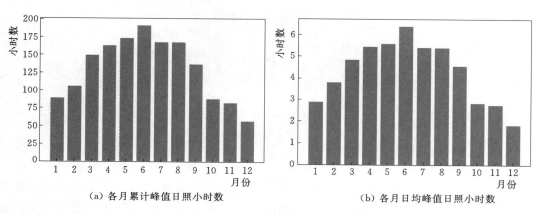

（a）各月累计峰值日照小时数　　　　　　（b）各月日均峰值日照小时数

图 6-24　全年峰值日照时数趋势

5. 全年温度统计

从 2017 年 3 月起至 2017 年 12 月止，统计每月的最低温度、平均温度及最高温度，得到全年温度趋势，如图 6-25 所示。从图 6-25 中可以看出，该地区在 7 月温度达到最大值，昼夜最大温差为 20～25℃。

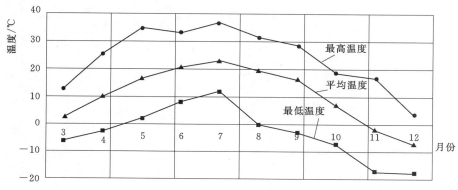

图 6-25　全年温度趋势

对全年各温度段小时数进行统计，得到该地区全年温度平均值为 10.1℃，最小值为－17.8℃，中位值为 12.1℃，最大值为 36.8℃，在光伏组件发电过程中，其工作温度区间最常见为 16～18℃。2017 年全年温度直方图如图 6－26 所示。

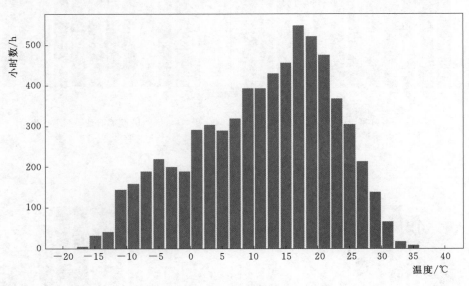

图 6－26　2017 年全年温度直方图

6. 全年湿度统计

从 2017 年 3 月起至 2017 年 12 月止，统计每月的最低相对湿度、平均相对湿度及最高相对湿度，全年相对湿度变化趋势如图 6－27 所示。2017 年全年相对湿度统计直方图如图 6－28 所示。

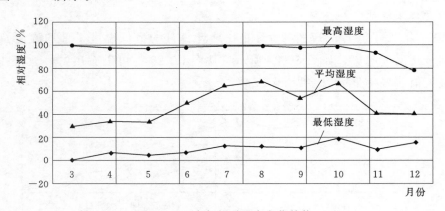

图 6－27　全年相对湿度变化趋势

6.3.4.2　光伏逆变器实证数据分析

1. 逆变器发电性能分析

（1）累计发电量。逆变器实证测试区包含 0.5MW 组串式光伏逆变器方阵和

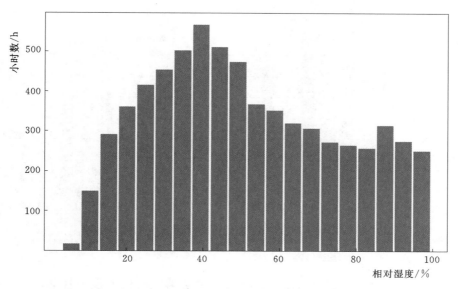

图 6-28　2017 年全年相对湿度统计直方图

0.5MW 集散式光伏逆变器方阵。0.5MW 组串式光伏逆变器方阵配置五种组串式光伏逆变器，0.5MW 集散式光伏逆变器方阵配置集散式光伏逆变器和六台智能直流汇流箱。其中组串式光伏逆变器额定功率均为 50kW，集散式光伏逆变器额定功率为 500kW。

实证平台逆变器测试区配置了 270W 组件。基地实证区配置同一种组件，实现直流侧在相同组件条件下对于不同光伏逆变器长期观测的目的。逆变器直流侧接入组串数量统计见表 6-9，逆变器 A～E 为组串式光伏逆变器，逆变器 F 为集散式光伏逆变器，表 6-9 分别给出了各逆变器接入光伏组串的数量。

表 6-9　　　　　　　　　　逆变器直流侧接入组串数量统计

逆变器 A	逆变器 B	逆变器 C	逆变器 D	逆变器 E	逆变器 F
8 串	8 串	8 串	8 串	8 串	91 串

使用电能表测量累计发电量数据，由于各个厂商的设置不同，逆变器本身发电量数据记录存在偏差，故采用第三方电表进行统一测量。对比时长统一选取为 2017 年 5 月 12 日至 2017 年 7 月 17 日。

不同组串式光伏逆变器累计发电量统计比较如图 6-29 所示，可以看出，即使是同样功率的光伏逆变器在同一环境运行，不同厂家不同型号的发电量差距也很大，即使是同一厂家同一型号的光伏逆变器也存在较大差距，发电量最高的逆变器 A1 比发电量最少的逆变器 B2 提高了将近 500kWh。

影响光伏逆变器发电量的因素有很多，例如运行时长、光伏逆变器自身 MPPT

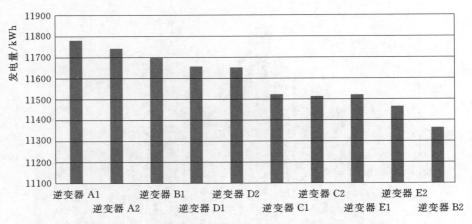

图 6-29　不同组串式光伏逆变器累计发电量统计比较

控制策略、光伏组件数量等。

（2）满发小时数。为了横向比较不同光伏逆变器某时段的发电性能，定义光伏逆变器日均满发小时数为

$$FHR_{day} = \frac{E_t/P_e}{\Delta T} \tag{6-9}$$

式中　E_t——该时段累计发电量，kWh；

　　　　P_e——光伏逆变器额定功率，kW；

　　　　ΔT——统计时段天数；

　　FHR_{day}——日均满发小时数，h。

光伏逆变器日均满发小时数比较如图 6-30 所示。

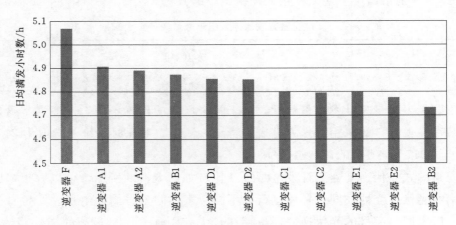

图 6-30　光伏逆变器日均满发小时数比较

从图 6-30 可以看出，集散式光伏逆变器的日均满发小时数高于组串式光伏逆变

器。结合光伏逆变器效率分析及阴影分析，虽然逆变器 C1、C2 的转换效率较高，但是由于组件实证区部分组件受阴影影响，其日均满发小时数偏低。其余光伏逆变器的日均满发小时数与转换效率的分析结果一致。

2. 逆变器效率分析

（1）瞬时转换效率。针对组串式光伏逆变器进行横向效率对比分析。定义逆变器瞬时效率为单位时间段内逆变器交流侧输出功率除以逆变器直流测输入功率，功率采样时间间隔为 5min，效率重采样时间间隔为 30min。9 种不同型号的组串式光伏逆变器瞬时效率-功率-电压特性图分别如图 6-31～图 6-39 所示（逆变器 A2 因缺少数据未做统计）。

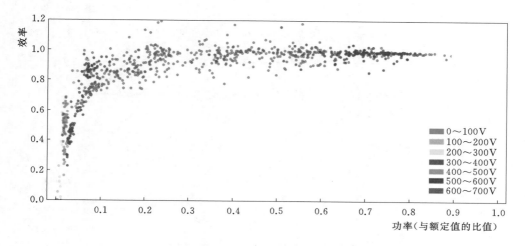

图 6-31　逆变器 A1 瞬时效率-功率-电压特性图

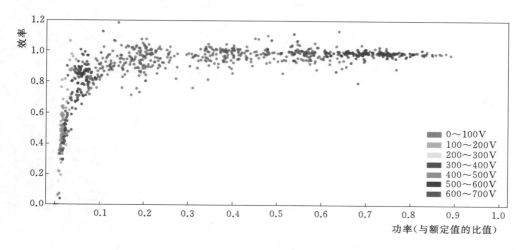

图 6-32　逆变器 B1 瞬时效率-功率-电压特性图

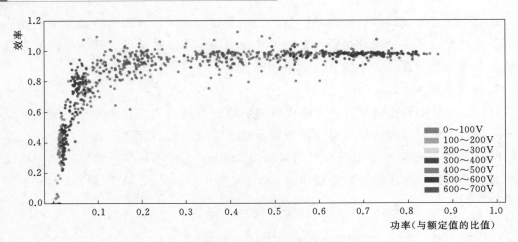

图 6-33　逆变器 B2 瞬时效率-功率-电压特性图

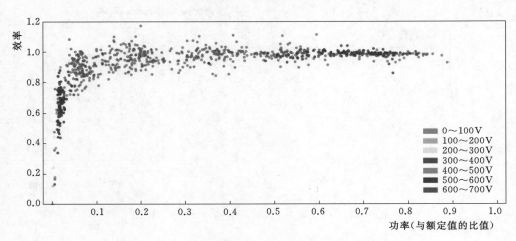

图 6-34　逆变器 C1 瞬时效率-功率-电压特性图

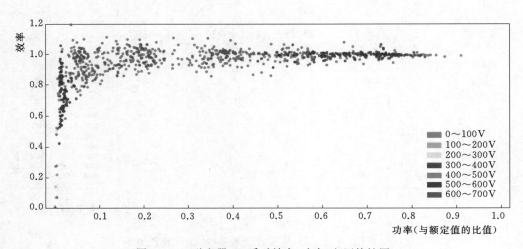

图 6-35　逆变器 C2 瞬时效率-功率-电压特性图

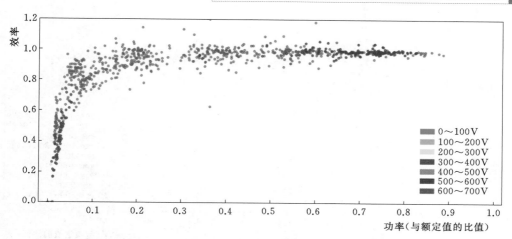

图 6-36 逆变器 D1 瞬时效率-功率-电压特性图

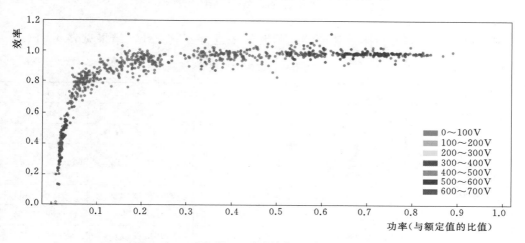

图 6-37 逆变器 D2 瞬时效率-功率-电压特性图

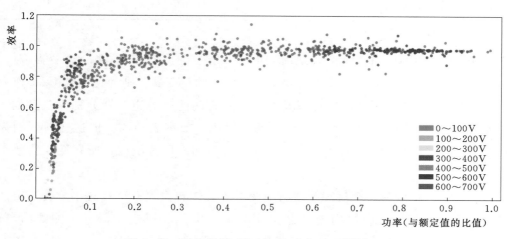

图 6-38 逆变器 E1 瞬时效率-功率-电压特性图

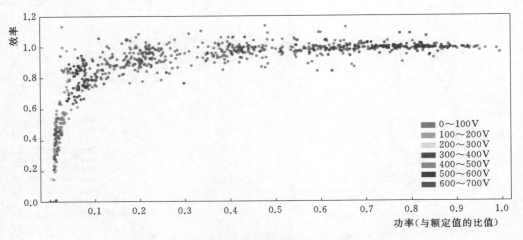

图 6-39　逆变器 E2 瞬时效率-功率-电压特性图

对这 9 种不同型号组串式逆变器的瞬时效率进行分段统计，结果见表 6-10。

表 6-10　　　　　　　　　　逆变器分功率段效率统计

功率段	0~10%	10%~30%	30%~70%	70%~100%
逆变器 A1	0.5308 (3)	0.9130	0.9776	0.9843
逆变器 B1	0.4535 (4)	0.9511 (3)	0.9869 (4)	0.9920 (3)
逆变器 B2	0.3824	0.9235	0.9712	0.9802
逆变器 C1	0.5359 (2)	0.9694 (2)	0.9956 (1)	0.9887
逆变器 C2	0.5790 (1)	0.9754 (1)	0.9881 (3)	0.9940 (1)
逆变器 D1	0.4070 (5)	0.9309 (4)	0.9850 (5)	0.9911 (5)
逆变器 D2	0.3827	0.9267 (5)	0.9881 (2)	0.9927 (2)
逆变器 E1	0.3577	0.9166	0.9789	0.9849
逆变器 E2	0.4030	0.9183	0.9817	0.9918 (4)

注：括号里的数字代表排序。

在 0~10% 功率段内，效率表现前三的逆变器分别为逆变器 C2、逆变器 C1、逆变器 A1；在 10%~30% 功率段内，效率表现前三的逆变器分别为逆变器 C2、逆变器 C1、逆变器 B1；在 30%~70% 功率段内，效率表现前三的逆变器分别为逆变器 C1、逆变器 D2、逆变器 C2；在 70%~100% 功率段内，效率表现前三的逆变器分别为逆变器 C2、逆变器 D2、逆变器 B1。在 70%~100% 功率段范围内，所有逆变器效率均大于 98%。

（2）总体转换效率。针对实证站内逆变器的总体转换效率进行对比分析。定义逆变器累计效率为某一时间段内逆变器交流侧输出电能除以逆变器直流侧输出电能，2017 年 5 月 12 日至 6 月 28 日的逆变器累计效率排名见表 6-11。

表 6-11			逆变器累计效率排名		
逆变器	直流侧电量	交流侧电量	累计转换效率	峰值效率	排名
逆变器 A1	11995	11539	0.96198	0.9902	10
逆变器 A2	11744	11500	0.97922	0.9970	4
逆变器 B1	11747	11453	0.97497	0.9970	5
逆变器 B2	11642	11129	0.95594	0.9901	11
逆变器 C1	11491	11285	0.98207	0.9936	3
逆变器 C2	11456	11275	0.98420	0.9990	2
逆变器 D1	11783	11412	0.96851	0.9961	8
逆变器 D2	11771	11408	0.96916	0.9977	7
逆变器 E1	11671	11277	0.96624	0.9908	9
逆变器 E2	11580	11225	0.96934	0.9968	6
逆变器 F	49119	48368	0.98472	0.9990	1

从表 6-11 中可以看出，组串式逆变器 C2 的累计转换效率最高，逆变器 B2 的效率较低。集散式逆变器 F 累计效率最高。

根据大同光伏"领跑者"基地招标文件要求逆变器最大效率不低于 99%，在实证平台内的光伏逆变器都达到该文件的要求。

（3）阴影影响。对逆变器 C1、逆变器 C2 进行阴影影响对比分析，在逆变器 C1、C2 处立杆塔，其阴影会在下午某时段遮挡组件，影响组件发电量，故逆变器 C1 和逆变器 C2 每日下午均有一段时间有较为明显的输出功率下降。6 月 1 日当天的逆变器交流侧输出功率如图 6-40 所示，可以看出，阴影影响逆变器 C1 功率输出的时间段

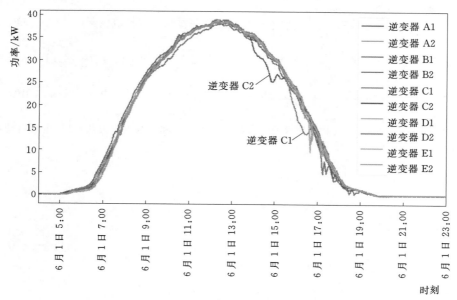

图 6-40 逆变器交流侧输出功率

主要在 16：00—17：00，阴影影响逆变器 C2 功率输出的时间段主要在 14：00—15：00。

经长期计算，逆变器 C1、逆变器 C2 由于阴影影响每月相较其余逆变器发电量均值少 220kWh，平均每日相较其余逆变器少 7.3kWh，每日相对发电量减少 1.43%。

参考文献

[1] 张兴，曹仁贤. 太阳能光伏并网发电及其逆变控制 [M]. 北京：机械工业出版社，2011.

[2] S. R. Wenham. 应用光伏学 [M]. 上海：上海交通大学出版社，2008.

[3] 张军军，秦筱迪，郑飞，等. 光伏发电并网试验检测技术 [M]. 北京：中国水利水电出版社，2017

[4] 陈坚. 电力电子学——电力电子变换和控制技术 [M]. 2 版. 北京：高等教育出版社，2002.

[5] 蒋华庆，贺广零，兰云鹏. 光伏电站设计技术 [M]. 北京：中国电力出版社，2014.

[6] Gilbert M Masters. 高效可再生分布式发电系统 [M]. 北京：机械工业出版社，2010.

[7] 付文莉. 可再生能源，未来能源之星 [J]. 电源技术，2008，32（9）：636－639.

[8] 刘小平，王丽娟，王炳楠，等. 光伏并网逆变器户外实证性测试技术初探 [J]. 新能源进展，2015（1）：33－37.

[9] 陈心欣，李慧，曾湘安，等. 光伏发电系统的环境参数影响实证分析 [J]. 环境技术，2017，35（4）：19－21.

[10] 孟忠. 太阳能光伏发电项目的后评价及实证研究 [D]. 北京：华北电力大学，2010.

[11] 郭佳. 并网型光伏电站发电功率与其主气象影响因子相关性分析 [D]. 北京：华北电力大学，2013.

[12] 黄伟，张田，韩湘荣，等. 影响光伏发电的日照强度时间函数和气象因素 [J]. 电网技术，2014，38（10）：2789－2793.

[13] 吕学梅，朱虹，王金东，等. 气象因素对光伏发电量的影响分析 [J]. 可再生能源，2014，32（10）：1423－1428.

[14] 崔剑，王金梅，陈杰，等. 光伏并网逆变器性能指标检测与分析研究 [J]. 自动化仪表，2015，36（9）：84.

[15] 白建波，郝玉哲，张臻，等. 多种类型硅电池光伏组件性能模拟的复合方法 [J]. 太阳能学报，2014，35（9）：1586－1591.

[16] 邹建章，陈乔夫，张长征. 光伏逆变器综合性能测试平台研究 [J]. 电测与仪表，2010，47（8）：20－23.

[17] 田琦，赵争鸣，韩晓艳. 光伏电池模型的参数灵敏度分析和参数提取方法 [J]. 电力自动化设备，2013，33（5）：119－124.

第7章

光伏逆变器安全防护与电磁兼容

安全性是光伏逆变器的重要产品属性，安全防护是为了防止光伏逆变器在正常的运行中对周围运行人员造成人身伤害，保护人身安全的一种安全设计，通常设计时应考虑直接接触防护及间接接触防护，在机械上和电气上均考虑电击防护措施。电磁兼容也是光伏逆变器重要指标之一，保证光伏逆变器在其电磁环境中符合运行要求并对其环境中的任何设备不产生无法忍受的电磁干扰。电磁兼容包括两个方面的要求：一方面指逆变器在正常运行过程中对所在环境产生的电磁干扰不能超过一定的限值；另一方面是指设备对所在环境中存在的电磁干扰具有一定程度的抗扰度，即电磁敏感性。

7.1 光伏逆变器触电防护

7.1.1 触电防护标准

目前国内外光伏逆变器触电防护相关标准见表 7-1。

表 7-1　　　　　　　　国内外光伏逆变器触电防护相关标准

序号	适用国家或地区	标　准　号	标　准　名　称
1	中国大陆	NB/T 32004-2018	光伏发电并网逆变器技术规范
2		GB/T 37408-2019	光伏发电并网逆变器技术要求
3	北美洲	UL 1741-2010 SUPPLEMENT SA：2016	独立电力系统用逆变器、转换器和控制器（Inverters, Converters, and Controllers for Use in Independent Power Systems）
4		CSA C22.2 No.107.1：2016	通用电器源（General Use Power Supplies）
5		NFPA 70E：2018	国家电气规程（National Electrical Code）
6	欧洲	IEC/EN 62109-1：2010	光伏发电系统用电力转换设备的安全—第1部分：通用要求（Safety of power converters for use in photovoltaic power systems—Part 1：General requirements）

续表

序号	适用国家或地区	标 准 号	标 准 名 称
7	欧洲	IEC/EN 62109 - 2：2011	光伏发电系统用电力转换设备的安全-第 2 部分：逆变器的特殊要求（*Safety of power converters for use in photovoltaic power systems—Part 2：Particular requirements for inverters*）
8	澳大利亚	AS/NZS 4777.2：2015	通过逆变器连接至能源系统电网　第 2 部分：逆变器要求（*Grid connection of energy systems via inverters Part 2：Inverter requirements*）
9		AS/NZS 3100：2017	认可和测试规范—电气设备的一般要求（*Approval and test specification—General requirements for electrical equipment*）
10	中国台湾	CNS 15426 - 1	太阳光电系统用电源转换器之安全性—第一部：一般要求
11		CNS 15426 - 2	太阳光电系统用电源转换器之安全性—第二部：变流器之个别要求

7.1.2　逆变器触电防护设计

7.1.2.1　防止直接接触

直接接触电击防护的方式主要包括通过覆盖绝缘材料对带电体进行封闭和隔离；用遮栏或外护物防止直接接触电击；用阻挡物防止直接接触电击；将带电部分置于伸臂范围以外，以防止直接接触电击。

采用覆盖绝缘材料对带电体进行封闭和隔离时，带电部分完全被绝缘物质覆盖，以防人体与带电部分接触。工厂生产的电气设备，其绝缘材料应符合产品标准对绝缘水平的要求，应能在正常使用寿命期间耐受所在场所的机械、化学、电和热的影响，油漆、凡立水等物质不能用作防直接接触的绝缘材料。对在施工现场中采用的防直接接触的绝缘材料，例如高度不够的裸母排包裹的绝缘带，也应通过检验来验证其是否具有绝缘性能。

遮栏是指从通常与人体接近的方向来阻隔人体与带电部分接触的措施，例如在打开集中式逆变器柜体时，里面的带电零部件会不经意被人触碰到。为此在逆变器内部人面对柜门的方向需要装设一个防电击隔板，以阻止人不经意触碰到内部的带电零部件。外护物是指能从所有方向阻隔人体接触的措施，例如电气设备的外壳，在现场敷设导线时配置的槽盒、套管等。这种措施应能防止大于 12.5mm 的固体物或人手指进入，即其防护等级至少应为 IP2X。带电部分的上方如需防护，需防大于 1mm 的固体物进入，即其防护等级至少为 IP4X。遮栏和外护物应牢固地加以固定，只有在使用工具、钥匙或断开带电部分电源的条件下才能挪动。

用阻挡物防直接接触电击这一措施仅能防止人体无意地与带电部分接触，例如用栏杆、绳索、网屏、栅栏等阻拦人体接近带电部分。它对洞孔的尺寸没有要求，只是对接近带电部分的人起阻拦提醒的作用，不能防范人体的有意接触，需注意阻挡物固定的可靠性及放置警示提示，以防被随意挪动位置。

将带电部分置于伸臂范围之外，也可防直接接触电击，这一措施同样仅能用以防范人体与带电部分的无意接触，原理为人体可同时触及的不同电位（例如任意电位与地电位）部分之间的距离大于人体伸臂的距离。人体左右平伸两臂的最大水平距离，或向上伸臂后与人体所站地面间的最大垂直距离在 IEC 标准中规定为 2.5m。如人手中持握有梯子等物体，则伸臂距离应相应加长，例如用裸母排给设备配电，则裸母排的离地高度应至少为 3.5m。如人站立的水平方向有防护等级低于 IP2X 的阻挡物阻挡时，则伸臂距离应自阻挡物算起。在向上伸臂的方向，若有上述阻挡物，伸臂范围仍自站立面算起。

7.1.2.2　直接接触防护

直接接触防护是指逆变器内相关金属导体或元器件由于功能要求或设计要求，位于人体可以触及的位置，逆变器采用相关设置将可触及导体电压降低到 IEC 62109 - 1 中规定的决定性电压等级 A 的范围内，决定性电压等级限值见表 7 - 2。

表 7 - 2　　　　　　　　　　　决定性电压等级限值

决定性电压等级	工作电压限值/V		
	交流电压（有效值）U_{ACL}	交流电压（峰值）U_{ACPL}	直流电压（平均值）U_{DCL}
A	≤25（≤16）	≤35.4（≤22.6）	≤60（≤35）
B	25～50（16～33）	35.4～71（22.6～46.7）	60～120（35～70）
C	>50（>33）	>71（>46.7）	>120（>70）

注：1. 括号中的数值适用于安装在潮湿环境的逆变器或逆变器零部件。

2. 决定性电压等级 A 电路故障条件下在 0.2s 时间内限值允许提高到决定性电压等级 B 的限值。

目前逆变器可采用三种方式使相关电路满足可接触的要求。

1. 与决定性电压等级 A 电路隔离

当决定性电压等级 A 电路与决定性电压等级 B 或决定性电压等级 C 电路之间满足保护隔离要求时，可不采取防止直接接触的防护措施，通过有保护隔离的决定性电压等级 A 进行保护如图 7 - 1 所示。虚线为防止人体与带电部件的直接接触；点划线为与防止直接接触电路之间的保护隔离；U_{M1} 为任意电压，接地或不接地；U_{M2} 为决定性电压等级 A，接地或不接地。

2. 保护阻抗防护

当电路和导电部件与决定性电压等级 B 或决定性电压等级 C 的电路通过保护阻抗连接，且与决定性电压等级 B 或决定性电压等级 C 电路的保护隔离满足要求时，无需

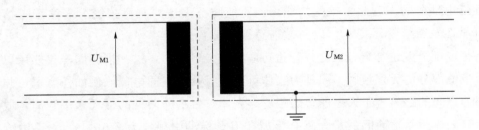

图 7-1 通过有保护隔离的决定性电压等级 A 进行保护

采取直接接触防护。保护阻抗应同时满足限制电流和限制放电能量的要求。

（1）保护阻抗限制电流。在任何工况下可触及零部件的接触电流，不应超过交流 3.5mA 或直流 10mA，限制电流保护电路如图 7-2 所示。U_1 为危险电压，接地或不接地；虚线为防止直接接触；点画线为与防止直接接触的电路之间的保护阻抗和保护隔离。可触及零部件的接触电流限制在 $I \leqslant 3.5\text{mA}$（交流）或 10mA（直流），包含流向地和流向可同时接触零部件的电流。保护阻抗应能承受它所连接电路的脉冲电压、瞬态电压以及工作电压。

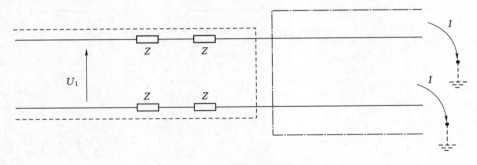

图 7-2 限制电流保护电路

（2）保护阻抗限制放电能量。在任何工况下可同时接触零部件之间出现的放电能量参数应符合表 7-3 的要求，限制放电能量保护电路如图 7-3 所示。虚线为防止直接接触；点画线为与防止直接接触的电路之间的保护隔离。对于接地电路，充电限制适用于从可触及零部件到地以及可同时接触零部件之间。

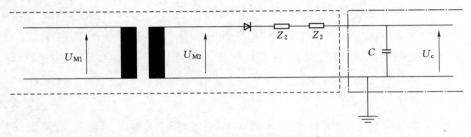

图 7-3 限制放电能量保护电路

电压/V	电容/μF	电压/kV	电容/nF
70	42.4	1	8.0
78	10.0	2	4.0
80	3.8	5	1.6
90	1.2	10	0.8
100	0.58	20	0.4
150	0.17	40	0.2
200	0.091	60	0.133
250	0.061	—	—
300	0.041	—	—
400	0.028	—	—
500	0.018	—	—
700	0.012	—	—

表 7-3 可接触电容和充电电压限值

3. 限制电压保护

某电路通过限制电压保护将电压降低到决定性电压等级 A 以下，且该电路与决定性电压等级 B 和决定性电压等级 C 之间的保护隔离满足要求，该电路可不采取直接接触防护措施，限制电压保护电路如图 7-4 所示。虚线为防止直接接触；点画线为与防止直接接触电路之间的保护隔离；U_1 为危险电压，接地；U_2 为决定性电压等级 A。限制电压保护应满足下列要求：

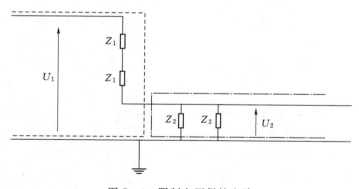

图 7-4 限制电压保护电路

（1）在正常工作和单一故障的情况下应保证该分压电路两端的电压 U_2 不超过决定性电压等级 A。

（2）此种保护方式不应在Ⅱ类保护或不接地的电路上使用。

7.1.2.3 间接接触防护

间接接触防护一般采用保护连接和接地、双重或加强绝缘两种方式满足要求。

1. 保护连接和接地

保护连接和接地就是将正常情况下不带电而在绝缘材料损坏后或其他情况下可能带电的金属部分用导线与接地体可靠连接起来的一种保护接线方式，目的是防止逆变器的金属外壳带电危及人身和设备安全。

逆变器内部的一些金属部位需要与外壳之间做保护连接，一同接入接地母排。保护连接能减少电气系统发生的漏电现象或减小接地短路时电气设备金属外壳及其他金属物体与地之间的电压，减小因漏电或短路而导致的触电危险，且有利于消除外界电磁场对保护范围内部电子设备的干扰，改善电子设备的电磁兼容性。保护连接的导体要能耐受设备内部故障电流可能引起的最高热效应及最大动应力，具有足够低的阻抗，以避免各部分间显著的电位差，且能耐受可预见的机械应力、热效应和环境效应（含腐蚀效应）。

保护连接通路应具有良好的连续性，电气设备保护电路连续性是指电气设备应设置良好的保护电路，非载流回路的所有金属部件均应接地，且使保护电路连续。保护电路连续性是一个重要的测试项目，保护电路是否连续是通过接地电阻大小来衡量的。一般电气设备安全标准中设备内部的接地电阻指的是0Ⅰ类和Ⅰ类设备的外露可导电部分与设备的总接地端子之间的电阻，一般标准中规定的这个电阻不得大于 0.1Ω。但对于额定电流比较大的设备，阻值根据设备内部装设的过电流保护装置设定值确定，设定值大于 16A 时，测量的保护连接上的压降不应超过 2.5V。在 0Ⅰ类和Ⅰ类电器中，一旦绝缘失效易触及金属部件可能成为带电体，这些金属部件应永久可靠连接到电器中接地接线柱或接线装置中，或者连接到电气设备进线接地极上。电器的保护接地端子与电气设备任何易触及可导电部分之间的电阻，称为设备内部的接地电阻。0类电器没有接地装置，Ⅱ类电器不准有接地装置，Ⅲ类电器使用安全特低电压，都不需要测试接地电阻，只有 0Ⅰ类和Ⅰ类电器才能有接地装置，需要进行接地电阻的测量。

采用Ⅰ类保护的逆变器应具有保护连接和接地，可接触导电部件与外部保护接地导体应连接可靠，保护接地和保护连接示意图如图 7-5 所示。

保护连接的方式与规格以及外部保护接地导体应满足下列要求：

（1）保护连接方式：

1）通过专用接地金属部件连接。

2）通过使用时不会被拆卸的其他导电部件连接。

3）通过专门的保护连接导体连接。

4）通过逆变器的其他金属部件连接。

（2）保护连接的规格。在故障期间，保护连接应保持有效并应能承受故障引起的最大故障电流，保护连接应满足以下要求：

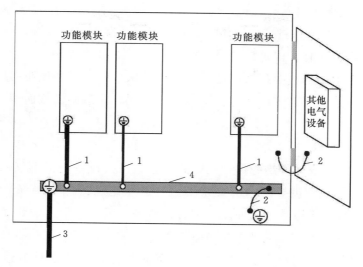

图 7-5　保护连接和接地示意图
1——逆变器模块的保护接地导体（尺寸取决于每个组件的要求）；
2——保护连接（可能是保护连接导体、紧固件、铰链或其他可靠方式）；
3——逆变器的外部保护接地导体；
4——接地母排

1）过流保护装置不大于 16A 的逆变器，保护连接的阻抗值不应大于 0.1Ω。

2）过流保护装置大于 16A 的逆变器，保护连接部分电压降不应大于 2.5V。

（3）外部保护接地导体。当逆变器采用 I 类保护时，通电后外部保护接地导体应始终保持连接，外部保护接地导体的横截面积应满足表 7-4 的要求。当外部保护接地导体不是电源电缆或电缆外层的一部分时，在有机械保护情况下横截面积应不小于 2.5mm²，在无机械保护情况下横截面积应不小于 4mm²。对于带有插头的逆变器，保护接地导体应先接通、后断开。

表 7-4　　　　　　　　　外部保护接地导体横截面积要求

逆变器相导体的横截面积 S/mm^2	外部保护接地导体的最小横截面积 S_p/mm^2
$S \leqslant 16$	S
$16 < S \leqslant 35$	16
$S > 35$	$S/2$

注：当外部保护接地导体使用与相导体相同的材质时，本表的取值有效。否则，外部保护接地导体横截面积应使其电导率与本表规定等效。

（4）外部保护接地导体的连接方式。每个外部保护接地导体应单独连接，且连接措施不能用于其他结构用途。

（5）保护接地导体及接触电流。插头连接的单相逆变器接触电流不应超过交流 3.5mA 或直流 10mA，其他逆变器接触电流超过交流 3.5mA 或直流 10mA 时，应采用下列一个或多个保护措施并标识 GB/T 37408—2019 附录 A 的第 15 个符号：

1）采用固定连接且保护接地导体的横截面积至少为 10mm² （铜）或 16mm² （铝）。

2）采用固定连接且在保护接地导体中断的情况下自动断开电源。

3）提供一个附加的截面积相同的保护接地导体，并在安装说明书中说明。

4）采用工业连接器且多导体电缆中的保护接地导体最小横截面积为 2.5mm²，并具有应力消除措施。

2. 双重或加强绝缘

Ⅱ类保护是双重或加强绝缘保护的方式，Ⅱ类保护设备是指不仅依靠基本绝缘进行防触电保护，而且还包括附加的安全措施（双重绝缘或加强绝缘）进行保护的设备。一般来说，逆变器均是金属外壳，都有接地保护线，属于Ⅰ类设备，但内部某些部位可能会采用加强或双重绝缘进行防电击保护，例如逆变器通信端口、显示触摸屏等部位就是Ⅱ类保护。这些部位均不接地。按Ⅱ类保护进行设计的设备或设备零部件，其带电部分和可触及表面的绝缘应满足下列要求：

（1）Ⅱ类保护的设备不应与外部保护接地导体连接。

（2）Ⅱ类保护设备采用金属外壳时，可采用外壳进行等电位连接。

（3）Ⅱ类保护设备可进行功能接地。

（4）Ⅱ类保护设备应采用 GB/T 37408—2019 附录 A 的第 12 个符号。

7.2 光伏逆变器电磁兼容

7.2.1 电磁干扰的耦合通道

电磁干扰的传输途径分传导传输方式和辐射传输方式两种，从被干扰的敏感器角度来看，干扰的耦合可分为传导耦合和辐射耦合两类。

7.2.1.1 传导耦合

传导耦合是干扰源与灵敏设备之间的耦合途径之一。传导耦合必须在干扰源与灵敏设备之间有完整的电路连接，电磁干扰沿着这一连接电路从干扰源传输至灵敏设备，发生电磁干扰。按其耦合方法可分为电路性耦合、电容性耦合和电理性耦合。在逆变器中，3 种耦合方法同时存在，互相联系。

1. 电路性耦合

电路性耦合是最常见、最简略的耦合传导方法，包含以下两种方式：

（1）直接传导耦合导线经过存在干扰的环境时，即拾取干扰能量并沿导线传导至电路而构成对电路的搅扰。

（2）共阻抗耦合是由于两个以上电路有公共阻抗，当两个电路的电流流经公共阻抗时，一个电路的电流在该公共阻抗上构成的电压就会影响到另一个电路，这就是共阻抗耦合。构成共阻抗耦合干扰的有电源输出阻抗、接地线的公共阻抗等。

2. 电容性耦合

电容性耦合也称为电耦合，是由于分布电容的存在而产生的一种耦合方式。由于两个电路之间的尖峰电压是一种有较大起伏的窄脉冲，其频间存在寄生电容，因此其会使一个电路的电荷经过寄生电容影响到另一条支路。

3. 电理性耦合

电理性耦合也称为磁耦合，当两个电路之间存在互感时，若干扰源是以电源方式出现的，则此电流所产生的磁场会经过互感耦合对附近信号构成干扰。

7.2.1.2 辐射耦合

经过辐射途径构成的干扰耦合称为辐射耦合。辐射耦合是以电磁场的方式将电磁能量从干扰源经空间传输到接收器。通常存在4种首要耦合途径，即天线耦合、导线感应耦合、闭合回路耦合和孔缝耦合。

1. 天线与天线间的辐射耦合

在实践工程中，存在很多的天线电磁耦合。例如，逆变器中的长信号线、控制线、输入和输出引线等具有天线效应，可以接纳电磁干扰，构成天线辐射耦合。

2. 电磁场对导线的感应耦合

逆变器的电缆线一般是由信号回路的连接线、功率级回路的供电线以及地线一同构成，其中每一根导线都有输入端阻抗和输出端阻抗，并形成一个回路。电缆线是内部电路暴露在机箱外面的部分，易遭到干扰源辐射场的耦合影响而感应出干扰电压或干扰电流，并沿导线进入设备构成辐射干扰。

3. 电磁场对闭合回路的耦合

电磁场对闭合回路的耦合其发生条件是回路受感应最大部分的长度小于波长的1/4。在辐射干扰电磁场的频率比较低的情况下，辐射干扰电磁场与闭合回路的电磁场耦合。

4. 电磁场经过孔缝的耦合

电磁场经过孔缝的耦合是指辐射干扰电磁场经过非金属设备外壳、金属设备外壳上的孔缝和电缆的编织金属屏蔽体等对其内部的电磁干扰。

7.2.2 电磁兼容标准

目前国内外光伏逆变器电磁兼容的相关标准见表7-5。

7.2.3 逆变器电磁兼容性设计

光伏逆变器是大功率电力电子设备，内部主要的干扰源是高频的功率开关管开通

表 7 - 5 国内外光伏逆变器电磁兼容的相关标准

序号	国家或地区	标准号	标准名称
1	中国大陆	NB/T 32004 - 2018	光伏发电并网逆变器技术规范
2		GB/T 37408 - 2019	光伏发电并网逆变器技术要求
3	北美洲	FCC 47 CFR Part 15 Subpart B	*Federal Communications Commission Part 15 - Radio frequency devices*
4	欧洲	EN 61000 - 6 - 1：2007	电磁兼容性（EMC）第 6 - 1 部分：通用标准-住宅、商业和轻工业环境抗扰度［*Electromagnetic compatibility（EMC）- Part 6 - 1：Generic standards - Immunity for residential, commercial and light - industrial environments*］
5		EN 61000 - 6 - 2：2005	电磁兼容性（EMC）第 6 - 2 部分：通用标准-工业环境抗扰度［*Electromagnetic compatibility（EMC）- Part 6 - 2：Generic standards - Immunity for industrial environments*］
6		EN 61000 - 6 - 3：2007＋A1：2011	电磁兼容性（EMC）第 6 - 3 部分：通用标准-住宅、商业和轻工业环境辐射标准［*Electromagnetic compatibility（EMC）- Part 6 - 3：Generic standards - Emission standard for residential, commercial and light - industrial environments*］
7		EN 61000 - 6 - 4：2007＋A1：2011	电磁兼容性（EMC）第 6 - 4 部分：通用标准-工业环境辐射标准［*Electromagnetic compatibility（EMC）- Part 6 - 4：Generic standards - Emission standard for industrial environments*］
8	澳大利亚	AS/NZS 4777.2：2015	通过逆变器连接至能源系统电网第 2 部分：逆变器要求（*Grid connection of energy systems via inverters Part 2：Inverter requirements*）
9		AS/NZS 3100：2017	认可和测试规范—电气设备的一般要求（*Approval and test specification—General requirements for electrical equipment*）
10	中国台湾	CNS 14674 - 1；	电磁兼容性（EMC）—一般性标准—第 1 部：住宅、商业与轻工业环境之免疫力
11		CNS 14674 - 2；	电磁兼容性（EMC）—一般性标准—第 2 部：工业环境之免疫力
12		CNS 14674 - 3	电磁兼容性（EMC）—一般性标准—第 3 部：住宅、商业与轻工业环境之发射标准
13		CNS 14674 - 4	电磁兼容性（EMC）—一般性标准—第 4 部：工业环境之发射标准

和关断带来的电压跳变，逆变器所有的 EMC 措施都是围绕着如何减少和限制开关管的干扰来进行的，主要措施如下：

1. 减少开关管干扰

采用三电平结构的逆变电路，0 电平的引入能够有效降低开关管的电压跳变，横桥开关管工作在工频状态，EMI 干扰小。竖桥开关管开通关断电压为母线电压，且工作电流大，是主要干扰源，采取的措施包括：适当增大开关管驱动电阻，降低电压跳变速率；采用注入三次谐波的方式，降低母线电压；采用数字脉宽调制（digital pulse-width modulator，DPWM）方式，减少开关管导通次数。

2. 优化输出低通滤波器

磁性器件是 EMI 设计的重要部分，如何减小和控制磁性器件的漏磁是减小 EMI 的关键点。光伏并网逆变器交流滤波电感若采用环形电感，磁芯气隙均匀，漏感小，产生的 EMI 干扰小。为了更好地抑制差模干扰，光伏并网逆变器输出滤波应考虑采用 LCL 滤波器，输出端口配置差模电感，滤除高频干扰信号。

3. 优化 EMI 滤波器

EMI 滤波器，一般由无源电子元件网络组成，通常装在逆变器输入输出端口，作用是封闭逆变器内部的高频干扰信号，阻止其溢出到逆变器外部干扰别的设备正常运行。光伏并网逆变器对 EMI 滤波器的优化措施主要包括：

（1）保证 EMI 滤波器的接地点与设备机壳的接地点一致，并尽量缩短 EMI 滤波器的接地线。若接地点不在一处，那么 EMI 滤波器的泄漏电流和噪声电流在流经两接地点的过程中，会将噪声引入设备内的其他部分。另外，EMI 滤波器的接地线会引入感抗，导致 EMI 滤波器高频衰减特性变差。

（2）EMI 滤波器安装在设备电源线输入端，保证连线尽量短，若 EMI 滤波器在设备内的输入线过长，高频端输入线就会将引入的传导干扰耦合给其他部分。

（3）确保 EMI 滤波器输入线和输出线分离。若 EMI 滤波器输入、输出线捆扎在一起或相互安装过近，那么它们之间的耦合可能使 EMI 滤波器的高频衰减降低。

4. 接地、屏蔽与隔离措施

光伏并网逆变器内部结构之间要保证可靠的电气连接，以防止逆变器内部的干扰以辐射形式泄漏出来。另外，逆变器内部布局上也应采用相关优化措施：输入和输出之间严格隔离，防止输入和输出信号相互干扰；控制电路和主电路在电气上通过光耦进行隔离，防止主电路信号干扰控制电路；对干扰较大的继电器驱动电路电源和控制电源进行隔离等。

参考文献

［1］ 李建辉，韩光宇，钟实. 逆变器产生的干扰及抑制［J］. 中国设备工程，2005（4）：35.

［2］ 王浩. 多电平光伏逆变器电磁兼容性及漏电流抑制研究［D］. 西安：陕西科技大学，2016.

［3］ 李保婷，邓凌翔，周雷. 光伏阵列控制方式对逆变器传导骚扰的影响［J］. 安全与电磁兼容，2015（2）：75 - 76.

［4］ 王旭. 高效率光伏逆变器研究［D］. 成都：电子科技大学，2015.

［5］ 吴茜，张杨，赵阳. 光伏逆变系统的传导电磁干扰关键技术研究［J］. 计算机光盘软件与应用，2014（14）：15 - 17.

［6］ 陈铁艳，刘晖. 欧盟光伏产品市场准入解析［J］. 认证技术，2014（8）：63 - 64.

［7］ 张辉. 电器设备保护电路连续性测试及相关要求［J］. 品牌与标准化，2014（4）：69 - 70.

［8］ 张胜. 光伏并网发电系统电磁兼容研究［D］. 合肥：合肥工业大学，2009.

[9] 陆尧, 周洪儒. 我国与欧盟并网光伏逆变器认证的 EMC 要求 [J]. 安全与电磁兼容, 2013 (2): 44 - 48.

[10] 苗骞. 可并网正弦波 PWM 高效光伏逆变器的研究 (DC - AC 部分) [D]. 济南: 山东大学, 2006.

[11] 廖志凌, 宋中奇, 徐东. 单相无变压器光伏并网系统漏电流的研究 [J]. 电测与仪表, 2013 (2): 20 - 25.

[12] 肖华锋, 谢少军, 陈文明, 贡力. 非隔离型光伏并网逆变器漏电流分析模型研究 [J]. 中国电机工程学报, 2010 (18): 9 - 14,

[13] 张树伟. 对各国低碳发展目标提议的解析与评论 [J]. 电力技术经济, 2009, 21 (6): 9 - 12.

[14] 张兴, 孙龙林, 许颇, 赵为, 曹仁贤. 单相非隔离型光伏并网系统中共模电流抑制的研究 [J]. 太阳能学报, 2009 (9): 1202 - 1208.

[15] 马琳, 金新民. 无变压器结构光伏并网系统共模漏电流分析 [J]. 太阳能学报, 2009 (7): 883 - 888.

[16] 张逸成, 苏丹, 朱学军, 姚勇涛. 抑制开关电源高频噪声的电磁干扰滤波器设计方法 [J]. 城市轨道交通研究, 2007 (9): 33 - 36.

[17] 钱照明, 陈恒林. 电力电子装置电磁兼容研究最新进展 [J]. 电工技术学报, 2007 (7):

[18] 钱照明, 陈恒林. 基于阻抗测量的共模扼流圈高频建模 [J]. 电工技术学报, 2007, 22 (4): 1 - 8.

[19] 程冰, 陈明惠, 汤钰鹏. 三电平逆变器中共模电压抑制方法的研究与仿真 [J]. 通信电源技术, 2007 (1): 55 - 58.

[20] 吕文红, 郭银景, 唐富华, 等. 电磁兼容原理及应用教程 [M]. 北京: 清华大学出版社, 2008

[21] 大卫 A 韦斯顿. 电磁兼容原理与应用 (原书第 2 版) [M]. 北京: 机械工业出版社, 2006.

[22] 江浩, 刘光斌, 俞志勇. 当前国内外电磁兼容研究现状 [J]. 电子对抗, 2000 (3): 33 - 37.

第 8 章

光伏逆变器技术未来发展趋势

电力电子技术及光伏发电技术进步，特别是微纳级激光精密加工、宽禁带电子半导体器件等技术的发展，使光伏逆变器性能得到了进一步提升，作为光伏系统与电网之间重要桥梁的光伏逆变器，被赋予了更多使命。光伏发电技术应用呈现多样化，农光互补、渔光互补、漂浮式光伏、光伏＋互联网、光伏＋储能、数字化智慧型电站等新型应用对光伏逆变器性能提出了更高的要求。目前，可以预见的光伏逆变器技术未来发展趋势主要包括智能化、高频高功率密度、模块化、更具安全性、更友好的电网适应性等，主要技术解决方案可包括智能光伏逆变器、光伏虚拟同步机等。

8.1 光伏逆变器技术发展趋势分析

8.1.1 智能化

随着信息技术高速发展，互联网、人工智能等技术与实体经济的深度融合已成为我国经济、技术的发展方向。当前，绿色低碳可持续发展成为人类共同目标，在光伏发电领域，伴随着人工智能、云平台、大数据、物联网、移动互联、虚拟现实等新兴技术与光伏发电技术的深度融合，"智能＋光伏"成了近年来光伏技术的发展热点。2018 年 4 月，我国为规范智能光伏产业的健康发展，由工业和信息化部、住房和城乡建设部、交通运输部、农业农村部、国家能源局和国务院扶贫办六部门联合印发《智能光伏产业发展行动计划（2018—2020 年）》的通知。其中明确提出到 2020 年，要显著提升智能光伏系统建设与运维水平，不断优化智能光伏产业发展环境。

目前光伏发电站内从发电到通信等环节还存在多种"哑设备"，无法进行有效监视或故障预警。随着 5G、云等数字化技术的快速发展，预计至 2025 年，90％以上的电站将实现全面数字化，让光伏发电站实现极简、智能、高效的工作模式成为可能。智能光伏逆变器是智能光伏发电站的核心部件，是集电力变换、远程控制、数据采

• 161 •

集、在线分析、环境自适应等于一体的智能控制器，是光伏发电站的神经末梢与区域控制中心。目前面向智能光伏产业发展的迫切需求，光伏逆变器智能化是逆变器发展的必然方向。

8.1.2　高频高功率密度

降本增效是产品技术发展的核心目标，如何降低度电成本（levelized cost of energy，LCOE）是光伏逆变器技术发展需考虑的关键要素，而提升光伏逆变器功率密度是保障 LCOE 降低的重要手段。为了有效降低系统成本和提高功率密度，需要尽可能提高光伏逆变器的开关频率，在材料科学方面，对碳化硅等材料的使用能够有效提升开关频率。随着近年来功率器件技术突飞猛进的发展，新型碳化硅器件已逐渐替代传统的硅器件，可将开关频率提高到 100～200kHz，且开关损耗很低，可有效降低电抗器和电容的数量和体积，进而降低逆变器成本。在散热技术方面，可以通过优化散热设计来提升芯片散热水平，通过控制算法优化达到设计升级，提高器件集成度。此外，直流侧运行电压增加也有助于提高光伏逆变器的功率密度，挖掘光伏逆变器容量潜力。在发电系统中，为了减少光伏阵列与逆变器之间的连线，需对光伏组件进行就地串并联使用，单个光伏组件的运行电压和功率较低，组件串联数量越多，光伏组串运行电压就越高，相应的系统线损和电缆成本也会等比下降。近年来光伏系统运行电压上限从 600V 增加到 1000V，再从 1000V 提升到 1500V，交流侧并网电压也从最初的 270V 提升至现在的 800V，运行电压的提升过程也实现了光伏逆变器功率密度的增加。

随着光伏 LCOE 下降的压力越来越大，单模块功率不断提升的同时仍需要保持易维护的特性，因此对于功率密度提升的要求越来越高。随着碳化硅、氮化镓等宽禁带器件以及先进控制算法等技术的突破，预计未来逆变器功率密度将持续提升。

8.1.3　模块化

光伏逆变器功率密度的提升推动设备模块化设计发展，将控制板、功率模块、散热风机等部件设计为模块化将成为趋势。模块化设计需综合考虑模块布局、元器件尺寸、接插件选型、器件安装散热等因素，是光伏发电设计的最优方案。每个模块设置独立的接插部件，设备间的通用标准接口能实现无障碍互联，并可在不同场景内自由搭配，可以使设备的灵活性得到最大程度的发挥，电量使用度达到最高，缩短光伏发电系统装配周期，关键器件的模块化使设备维修能通过插拔替换完成，发生故障时通过精确定位，进行模块插拔替换即可完成维护，有效缩减维护时间，提高维护效率，降低运维成本。另外，光伏逆变器与储能系统配套耦合发电中，"光伏＋储能"的应用模式也是未来的发展趋势，在模块化设计时，可考虑预留储能接口。

8.1.4 安全性

光伏发电站并网容量越来越大，组网架构越来越复杂，电站的网络安全风险与日俱增，对系统的可靠性、可用性、安全性、隐私性等安全可信能力的要求将成为对光伏发电站的必然要求。光伏逆变器应用在高海拔、大温差、强风沙等的恶劣环境时，对逆变器隔热、散热、防尘、高温降额等方面的安全性要求更高。另外，光伏发电站及人身安全也是不容忽视的问题，诸如光伏模块的连接松动、接触不良、电缆断裂、绝缘老化等原因，很容易引起直流电弧，最终导致火灾。目前，UL（UL 1699B）和NEC（NEC 2017）安全标准对电压超过80V的直流系统中的电弧检测功能做出了强制性要求，但在电站运维中，维修人员很难发现故障点和隐患，因此，高防护等级（IP66以及C5防腐）及电弧检测等安全性功能是光伏逆变器未来的技术发展方向之一。

8.1.5 更友好的电网适应性

随着光伏发电在电力系统中接入的比例逐渐提高，光伏发电对电网影响越来越大，在此背景下，GB/T 37408—2019中进一步提高了逆变器对电网支撑能力的要求，包括高电压穿越能力、快速频率响应能力等技术要求。此外，针对国内电网条件较弱的地区，要求光伏逆变器电压和频率适应范围应更宽。光伏逆变器先后经历了有功无功控制、低电压穿越、零电压穿越、高电压穿越、快速频率响应等技术发展过程，光伏逆变器需从适应电网逐步向支撑电网演进。随着逆变器技术的不断进步，具备宽短路比（short circuit ratio，SCR）适应能力、小于1%谐波电流控制能力、连续快速高低穿能力、快速调频等电网支撑能力，将成为逆变器并网必要条件。未来当大规模的光伏发电站并入电网后，通过并网性能的技术提升，实现从被动"适应电网"转为主动"支撑电网"，同时通过光储的融合，全方位助力光伏发电从辅助电源到主力电源的角色转变，是光伏逆变器技术发展方向之一。

8.2 智能光伏逆变器关键技术

8.2.1 概述

智能光伏逆变器是智能光伏发电站的核心设备，是实现光伏发电站智能化功能的主要技术手段之一。智能光伏发电站通过采用云计算、大数据、物联网、移动互联、人工智能等技术手段实现电站智能化运行，采用分层分区架构，实现安全分区、网络专用、横向隔离、纵向认证，具备智能感知、智能学习、智能决策、智能执行以及智能自适应能力等相关功能。

　　智能光伏发电站的系统架构原则上可包含三个层级，层级间可实现安全Ⅰ区、安全Ⅱ区和管理信息大区的数据互通，并配置区间隔离设备实现数据的安全隔离。智能光伏发电站可通过外部接口及远程技术，实现与智能电网调度、远程数据中心、远程监管与运营等相关方的高效互动。站内智能设备应具备以下功能：

　　（1）数字传感功能，能够实时监测设备运行状态。

　　（2）根据约束条件和控制目标，自动完成控制执行，可预留手动操作。

　　（3）电气设备保护功能。

　　（4）电气设备运行状态分析和故障预警能力。

　　（5）网络通信能力和信息自描述能力，信息模型满足《变电站通信网络和系统》（DL/T 860—2004）的规定。

　　（6）注册、参数远程配置、固件升级、模型升级等功能。

　　（7）支持边缘计算功能。

　　（8）视频监视功能。

8.2.2　智能光伏逆变器

　　智能光伏逆变器应具备智能设备的全部技术要求功能，应具备带有多路直流接入的变流器，能实现不同输入端的独立运行和追踪，提高光伏发电站的发电效率，能实现对温度、电压、电流、功率、失效等运行数据的实时监控并智能分析逆变器存在的故障和潜在的隐患等，以下从智能诊断、智能算法、智能电弧检测展开介绍。

8.2.2.1　智能诊断

　　智能光伏逆变器应配备高精度智能传感器，可以准确、全面采集电站信息，进而对电站进行精细化管理，实现电站的自动化与智能化。针对光伏逆变器内部核心器件，如 IGBT、风扇、电抗器、熔断器等，配置有高精度传感器，实现逆变器内部器件级监控与管理。同时基于传感器设备的布置，实现对核心器件寿命的预测分析、故障提前预警、快速故障定位，前期寿命预测可用于指导维护的规划和备件的规划，提前预警将故障提前告知，早发现早替换，减少发电量损失。对于光伏逆变器外围核心设备，如组件、汇流箱等，智能光伏逆变器也会根据直流侧信息采集，配合智能算法进行分析，及时发现故障或性能不佳的组件或者汇流箱。

　　智能 I-U 诊断功能依托智能光伏并网逆变器，采用 I-U 曲线组串智能诊断技术，通过在管理系统中部署算法、大数据建模，实现同步分析，对光伏发电站中的每路组串进行智能诊断，从而高效识别异常组串，帮助及时消除故障，提升设备运行工况和系统效率。目前，已有智能型光伏逆变器可覆盖 80% 以上主要组串的故障类型，故障定位准确度 100%，智能 I-U 诊断与传统 I-U 测试仪方案对比见表 8-1。

表 8-1 　　　　　　　　智能 *I-U* 诊断与传统 *I-U* 测试仪方案对比

对比项	传统 *I-U* 测试仪	智能 *I-U* 诊断方案	优　势
扫描便捷性	需要拆装组件或其接线端子	无需拆装组件或其接线端子	测试自动化程度高
扫描一致性	一次只能扫描一串组串，环境变化导致组串间对比存在不确定性	一致性好，组串间对比准确性高	组串间测试结果对比可信度更高
扫描全面性	抽检目的性不强，漏检率高；通常只抽检 1%～2%	全电站扫描，无遗漏	大幅度降低电站巡检成本
扫描实用性	专业人员现场操作，操作难度及工作量大	一键式远程操作，无需上站检测	大幅减少测试工作量及测试成本
数据分析	人工统计、分析 *I-U* 曲线数据效率低下	自动分析 *I-U* 曲线、识别故障组串，自动生成诊断报告	大幅降低电站对专业技术人员的需求及支出
发电量损失	100MW 的电站，抽检 1%～5%，发电量损失超过 1000kWh	≈0kWh	测试对发电量几乎无影响

　　针对组串式智能光伏逆变器，其直流侧每路配置有电流传感器，结合远程监控系统，实现电站级的组串全扫描，基于专家系统及先进的诊断算法，分析组件工作状态，定位异常组件，输出图形化诊断报告对故障组串给出处理建议，并实现专家远程调度处理、视频回传。考虑到不同故障原因在 *I-U* 曲线上的表现类似，经过大量组件计算机现场实测仿真，可将组件故障识别分为 7 大类，组件故障类型（组串式）及原因见表 8-2。

表 8-2 　　　　　　　　　　　组件故障类型（组串式）及原因

序号	故障类型	故障原因
1	组串无输出	（1）组串连接线松动或者断开； （2）逆变器直流侧保险丝烧毁或者松动； （3）对于含防反接功能的逆变器，组串反接； （4）逆变器故障
2	组串短路电流较低	（1）灰尘、云层等引起遮挡； （2）衰减过快引起
3	组串有组件电流输出异常	（1）阴影/污物/落叶遮挡等； （2）玻璃面板碎裂； （3）若干电池片电流输出能力降低
4	组串电流失配	（1）混用了不同类型的组件； （2）部分组件短路电流较低； （3）阴影遮挡或组串底部集聚的灰尘引起遮挡

序号	故障类型	故障原因
5	组串有组件存在 PID 效应	组串发生 PID 衰减
6	组串开路电压较低	(1) 组串存在旁路二极管短路; (2) 组串存在栅线断开; (3) 组串存在基本无输出的组件（污物严重遮挡或电池片无输出）
7	组串串联电阻过高	(1) 阴影/灰尘遮挡合适; (2) 组串连接线缆过长或者过细; (3) 组串连接点接触不良; (4) 组件焊点虚焊

针对集中式智能光伏逆变器，其直流侧需配备直流汇流箱，通过采集逆变器直流侧输入信息并利用智能算法，实现直流汇流箱级故障检测功能，可以获得与直流汇流箱相连的组串工作状态和故障情况。故障识别类别可分为直流汇流箱开路识别、直流汇流箱支路电流过高识别、直流汇流箱支路电流过低识别、局部光伏组串开路识别、故障组串数量识别 5 大类，组件故障识别类型（集中式）见表 8-3。

表 8-3 组件故障识别类型（集中式）

序号	故障识别类型	故障原因
1	直流汇流箱开路识别	汇入到逆变器的支路电流为 0，可能是汇流箱断路器跳闸或熔丝熔断等因素造成
2	直流汇流箱支路电流过高识别	逆变器某电路电流明显高于平均值，可能是光伏组件超配等因素造成
3	直流汇流箱支路电流过低识别	逆变器某电路电流明显低于平均值，可能是阴影遮挡等因素造成
4	局部光伏组串开路识别	汇流箱内某支路没有电流，可能是熔丝熔断等原因造成。 局部组串开路会出现警报，分为两种情况: 一种情况是设置了接入组串的数量，可以确定某个直流汇流箱存在异常以及可能的组串故障数量，但是无法定位到特定的故障组串;另一种情况是尚未设置接入组串的数量，可以确定某个直流汇流箱存在异常，但是不能确定可能的组串故障数量，也无法定位到特定的故障组串
5	故障组串数量识别	仅针对汇流箱局部支路故障，可识别汇流箱组串故障可能的路数

8.2.2.2 智能算法

智能光伏逆变器在直流侧和并网侧采用先进智能算法，实现智能化需求。在直流侧，数字化直流发电系统可采用 AI 自学习跟踪算法，智能光伏逆变器可实时调整每一排组串在不同时刻的倾角，实现功率闭环控制，确保发电量最优。在并网侧，智能并网算法增加了阻抗重塑技术，使光伏渗透率达 50%，增强光伏与电网系统稳定裕度，保障逆变器在恶劣电网条件下不脱网，引领光伏逆变器从适应电网走向支持电网。

为了进一步简化系统，降低系统成本和故障率，提升发电量，利用了智能并网光伏逆变器与跟踪支架一体化融合技术，提升跟踪系统的可靠性，简化系统设计，控制光伏组件达到最佳角度以充分利用光照资源，光跟踪接合一体化方案拓扑图如图8-1所示。

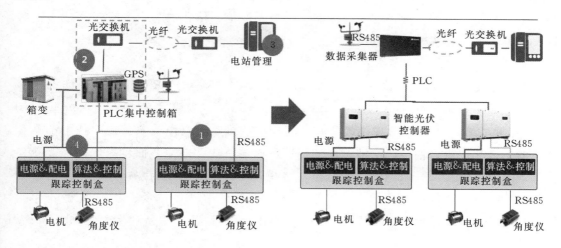

图8-1 光跟踪接合一体化方案拓扑图

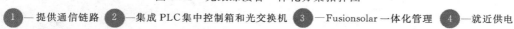

①—提供通信链路 ②—集成PLC集中控制箱和光交换机 ③—Fusionsolar一体化管理 ④—就近供电

1. 利用智能并网光伏逆变器的电力线载波通信链路为跟踪系统提供通信通道

利用智能并网光伏逆变器自身电力线，采用兼容电力载波通信（Power Line Communication，PLC），为跟踪系统提供通信通道。具体实施方案为：跟踪控制盒通过RS485接入智能光伏逆变器，智能并网光伏逆变器再以电力线载波通信将跟踪支架信息上传到光伏数据采集器，由数据采集器统一将跟踪支架信息、智能并网光伏逆变器信息通过以太网上传到电站管理系统。利用智能并网光伏逆变器为跟踪系统提供通信通道可降低成本，同时大幅度减少通信线路，降低通信故障率，提高可靠性。

2. 智能光伏逆变器为跟踪系统提供电源

智能光伏逆变器产生的直流电转换成交流电馈入电网，利用智能光伏逆变器输出的电能为跟踪系统电机和控制器供电，既可节省电源线缆，降低系统成本，还可以大大简化现场网络，减少故障点。

智能并网光伏逆变器属于连网型设备，即智能并网光伏逆变器交流输出侧直接与箱式变压器低压侧相连，只要电网不断电则智能并网光伏逆变器交流输出侧始终带电。

3. 智能直流系统（AI智能算法）

传统的天文算法结合GPS正时可以获得太阳的绝对位置信息，通过使组件与太阳光入射夹角最小来获得相应的跟踪角。然而，这种算法仅考虑了组件正面的直射辐射，对于散射辐射占比较大的阴雨天以及背面也可以接收辐射的双面组件并不适用。

这种算法使得组件不能时刻处于最佳跟踪角，因此损失了一定的发电量。

智能直流系统基于 AI 智能算法控制的智能跟踪支架＋双面组件融合方式，通过"感知"外界的辐照、温度、风速等因素，结合精准的双面组件算法和百吉瓦级的大数据平台分析，能够实现跟踪支架控制、供电、通信一体化融合，节省投资成本，实现发电量最大化，提升电站收益。

4. 智能并网逆变器智能 MPPT 算法

太阳电池高效化的步伐在日渐加快，PERX（PERC，PERT 和 PERL 的统称）、异质结（heterojunction with intrinsic Thinlayer，HIT）以及交叉背接触（interdigitated back contact，IBC）等高效电池技术在行业需求的推动下逐渐成熟。这些技术都具有优异的背钝化效果，使传统电池背面的铝层可以被替代，电池背面也因此能够接受光而等效地形成与正面并联的另一个电池，这些电池经过封装成为双面组件。目前市场上的双面组件使用的电池技术主要有基于 P 型硅片的 PERC 技术、基于 N 型硅片的 PERT 技术和异质结结构的 HIT 技术。双面组件与常规组件原理示意图如图 8-2 所示。

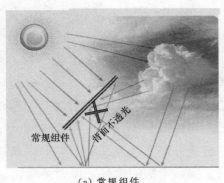
(a) 常规组件

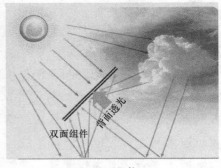
(b) 双面组件

图 8-2　双面组件与常规组件原理示意图

如图 8-2 所示，除了正面接收太阳直射光和大气散射光以外，双面组件背面也可以接收来自空气中的散射光、地面的反射光以及每天早晚来自背面的太阳直射光，等效于常规组件的正面接收到了更多的光。根据光伏组件的工作特性，当光强增大时，组件的电流和功率会得到与光增强相同幅度的提升，电压则变化很小。因此双面组件的发电量相比相同电站设计的单面组件有一定的增益。同时，由于双面组件背面的入射光强与电站所在地经纬度、大气情况即空气中散射光比例、组件倾斜角、组件离地高度、支架间距与背景反射率有直接关系，因此这些因素也影响到双面组件背面的发电量增益。双面组件发电量影响因素示意图如图 8-3 所示。

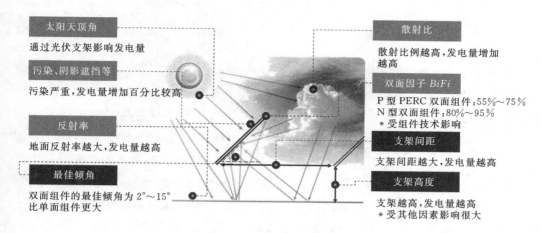

图 8-3 双面组件发电量影响因素示意图

双面组件输出电流变大，需要输入电流能力更强的逆变器，随着双面增益的增加，组件的峰值功率和峰值功率电流相应变大，要求设计人员根据实际项目增益情况选择直流侧输入电流更大且更合适的逆变器。

另外，双面组件系统中组件所处位置不同，背面接收的地面反射、空间散射也不同，导致组件输出总体功率不同，要求逆变器的 MPPT 颗粒度更细。另外也需要对组串进行设计，并尽量避免组串间不一致造成的失配损失。理想的设计是选择同一高度的组件组成组串，相同位置的组串接入逆变器的同一个 MPPT。双面组件 I - U 曲线图如图 8-4 所示。

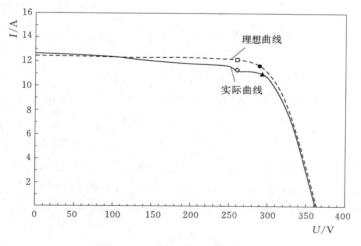

图 8-4 双面组件 I - U 曲线图

从图 8-4 可以看出，由于双面组件失配较多，其 I-U 曲线较单面组件更复杂、P-U 曲线将产生多个极值峰，这就对光伏逆变器的 MPPT 提出了更高的要求。功率曲线的极值峰增多要求光伏逆变器拥有更加高效的 MPPT 算法，尤其是动态和全局寻优是否快速、准确，影响着双面组件能否最大程度提升发电量。智能光伏逆变器 MPPT 算法可以实现多种功能：拥有多路 MPPT 单元，能极大地避免组串失配导致的发电量损失；采用自适应 MPPT 追踪技术，光照相对稳定时能最大程度逼近电池板的最大功率点；当多云天气光照剧烈变化时，能快速响应，实时追踪到最大功率点；针对双面组件存在多个极值峰的特点，逆变器智能识别当前是否处于全局最大功率点，并及时启动高速多峰扫描算法，确保逆变器始终处于电池板全局最大功率点，有效提升双面组件的发电量；双面组件 I-U 曲线的复杂性使组串故障智能诊断容易误判，因此需要更加智能的组串诊断算法来保障功能的实施。

在电站容配比低的场合，智能并网光伏逆变器多 MPPT 设计，可有效降低双面组件接受辐照不均匀、背面光照辐射不均匀的影响。而在电站容配比高的场合，由于电站交流侧满载运行，直流侧即使存在一定失配损失，对交流侧发电量的影响也较小。

另外，智能并网逆变器采用低功耗控制技术、宽输入电压范围的供电电源技术和功率器件关断尖峰抑制技术，保障逆变器能在更宽的电压范围下工作。智能并网逆变器的工作电压范围宽达 $500 \sim 1500 \mathrm{V}$，能保障逆变器每天早开机、晚关机，增加有效发电时间。

8.2.2.3 智能电弧检测

对于光伏发电站来说，安全性和可靠性变得越来越重要。当前，许多光伏发电站安装在工厂建筑物或住宅建筑物的屋顶上，火灾是引起光伏发电站经济损失最大的事故。光伏发电站着火时，很容易危及人身安全。一旦着火，应以最快的速度切断电源，以免造成更大的损害。光伏发电站火灾事故很多，主要原因是直流电弧。在光伏系统中电弧会造成房屋建筑起火，危害周边人员人身安全，电弧主要出现在光伏连接点、线缆破损处、光伏组件接点接触不良处等。基于 AI 技术的智能电弧检测，能够第一时间侦测到直流侧电弧，并判定电弧是否真实存在，如果确认为电弧，逆变器应能够在 2s 内切断电路关机，支持新故障拉弧自学习，防止误报漏报。

智能逆变器具有内置保护，旨在减轻某些可能引起火灾的电弧故障的影响。它具有在打开或关闭逆变器时检测并区分正常电弧和故障电弧的能力，并且可以在检测到故障电弧后及时切断电路。这有助于提高人身安全，保护设备并防止结构损坏。直流电弧保护示意图如图 8-5 所示。

智能逆变器内部设置了专用的电弧检测电路和诊断电路。检测电路检测组串电流的直流分量和高频分量，诊断电路执行综合运算以提取特征值，并将其与预设的电弧

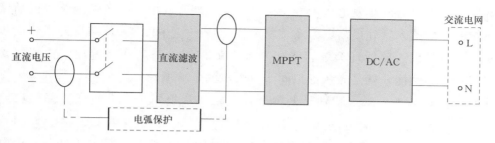

图 8-5 直流电弧保护示意图

特征阈值进行比较，以确定是否存在电弧特征。同时，智能诊断算法增加了温度系数，并基于实时监控的环境温度动态调整电弧特性阈值，以确保整个温度范围内的电弧检测灵敏度。

8.3 光伏虚拟同步发电机关键技术

传统光伏发电大多通过电力电子变流装置逆变并网，电力电子变流装置具备控制灵活、与电网弱耦合、适用范围广和高效节能等优点，技术上可替代基于机电能量转换、大惯量延迟、控制难度大的同步机发电系统。5G、区块链、云服务等信息与通信技术的大规模应用，可使分布式光伏发电站组成协同管理的虚拟电站（virtual power-Plant）参与到电力系统的调度、交易与辅助服务中，光伏逆变器在虚拟电站技术的发展下衍生出新的应用模式——光伏虚拟同步发电机（photovoltaic virtual synchronous generator，PV - VSG）。

在当今电力电子接口渗透率快速提升的新背景下，大规模新能源发电的接入对电网运行控制与安全稳定问题带来了巨大的挑战。主要体现在：

（1）系统同步旋转惯量的大幅下降。同步旋转惯量越大，系统频率受发电出力和负荷影响的变化速率就越小，频率抗扰动能力就越强。然而大规模新能源发电的接入，使得不具备旋转惯量的新能源在电网中的占比大大提高，部分省级电网新能源接入占比已经超过 40%。此外，具备同步旋转惯量的常规水火电机组常处于计划性停机状态，使得电网中的旋转惯量进一步降低。

（2）电网的一次调频能力逐渐削弱。按照电网调度要求，运行的常规水火电机组需保留 7%～8% 的一次调频备用容量。不具备一次调频能力的新能源占比的提升，将使系统的一次调频备用容量无法满足系统要求。

（3）系统电压的稳定性受到新能源接入的严峻挑战。电压稳定是新能源安全可靠接入的前提，新能源发电在事故的暂态过程中对系统电压稳定具有重大的影响。

同步发电机具有对电网天然友好的优势，若利用电力电子系统控制灵活的特点，使得并网逆变器具有同步发电机的外特性，则能实现含有电力电子并网装置的新能源发电系统的友好接入，并提高电力系统稳定性。基于电力电子并网装置的虚拟同步机控制技术，通过引入储能环节配合光伏逆变器的控制策略来从外特性上模拟转动惯量、阻尼特性等性能，就是光伏虚拟同步发电机的基本原理。

在电网出现频率异常（特别是低频事件）时，常规同步发电机通过释放存储在转子中的机械动能以响应电网频率波动。同理，PV-VSG 也需要提供额外的有功功率自主响应电网频率变化，参与系统的一次调频。而通常情况下，对于光伏电池出力控制均遵循最大功率跟踪控制原则，以实现光伏电池的最大功率利用。因此，光伏电池板在电网频率事件中无法再提供额外的有功出力，故在光伏虚拟同步发电机系统架构中需配置一定容量的储能及相应的能量变换装置以实现 PV-VSG 应对电网频率波动时的自主调频。通过在光伏系统中配置一定容量的储能，能有效抑制光伏系统的波动，平滑光伏系统输出，改善并网特性，配置储能有效抑制光伏系统波动如图 8-6 所示。

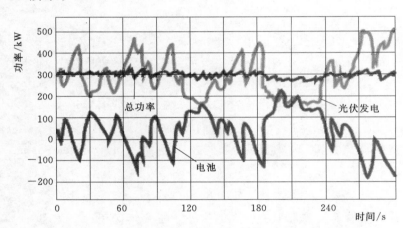

图 8-6　配置储能有效抑制光伏系统波动

解决限电的有效途径之一是在限电严重或超配很大的地区，通过储能搬移和释放原有削顶能量，提升新能源的利用率。储能系统可在限电期间将光伏多余电力储存起来，在光伏电力不足时将电力释放出来，减少弃光，有效解决光伏限发问题，保证系统投资收益，光储联合发电示意图如图 8-7 所示。

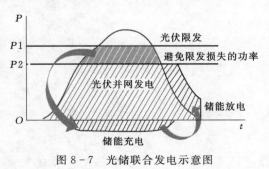

图 8-7　光储联合发电示意图

传统的调峰机组响应时间长达几分钟，光伏发电渗透率增大后，原有备用机组容量不够和响应速度慢的问题日益凸显。储能系统调峰与一般的燃气机组相比价格低，且储能系统的响应时间一般为毫秒级，可有效增强系统的调峰能力。新能源渗透率的提高，使得对系统的调频要求也越高，尤其是在系统出现频率波动的同时，新能源发电又发生了功率波动，双重故障会导致灾难性的脱网事故。通过配置储能系统在频率出现偏差时进行快速功率汲取或释放，可以保证系统频率稳定。配置储能系统维持系统频率稳定示意图如图 8-8 所示。

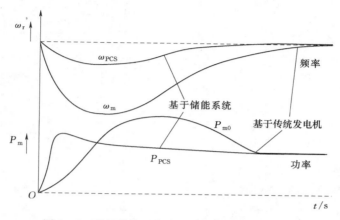

图 8-8　配置储能系统维持系统频率稳定示意图

　　智能逆变器采用的虚拟同步发电机控制新技术，根据频率偏差以及频差变化率进行功率控制，实现电网特性与功率控制的耦合，维持电压和频率稳定，进一步改善系统性能，并可实现弱网接入、并离网无缝切换等功能。同时，智能逆变器集成能量管理功能，统一采集光伏储能等光储电站的设备信息，进行能量调度，实现削峰填谷、频率响应、平滑输出、反向充电管理、直流侧能量管理等功能。PV-VSG 系统结构示意图如图 8-9 所示。

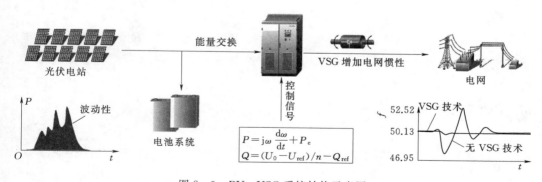

图 8-9　PV-VSG 系统结构示意图

　　PV-VSG 典型拓扑结构如图 8-10 所示，其主电路的构成为由三相逆变全桥电路构成的 DC/AC 部分与由双向 BUCK-BOOST 电路构成的 DC/DC 部分。其中，储能电池作为 DC/DC 部分的输入，其输出与光伏电池共同接入直流母线并作为 DC/AC 部分输入，最终通过三相逆变器全桥电路统一逆变并网。

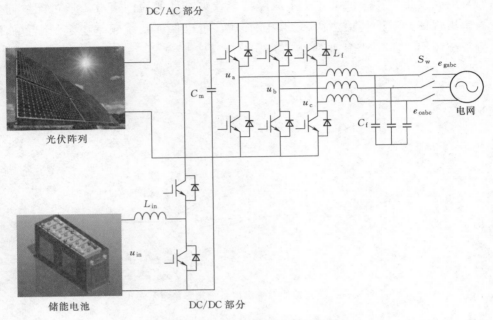

图 8 - 10　PV - VSG 典型拓扑结构

8.3.1　PV - VSG 的 DC/AC 控制

从 PV - VSG DC/AC 部分主电路与同步发电机电气部分等效的角度来看，可以认为逆变器三相桥臂中点电压 v_{abc} 的基波模拟同步发电机的内电势，逆变器侧电感 L_f 模拟同步发电机的同步电抗，逆变器输出电压（电容电压）e_{oabc} 模拟同步发电机的端电压，输出电感电流模拟同步发电机输出电流。

为了实现发电机组的一次调频功能（频率—有功功率下垂功能），发电机组中的原动机均配备了调速器。调速器的作用是当电网频率与额定频率不同时，调速器会自动改变原动机阀门的开度，从而改变原动机输出的机械功率。原动机输出机械功率与电网电压角频率关系式为

$$P_m = P_{ref} + D_p(\omega_n - \omega_g) \tag{8-1}$$

式中　P_{ref}——原动机机械功率的给定值（对应电网额定角频率 ω_n），该值通常由上一层调度给出；

　　　　D_p——频率—有功功率下垂系数。

由于此时光伏电池作为 PV - VSG 主要输入电源，因此式（8-1）中的 P_{ref} 可等效视为光伏电池的输出功率。从而有

$$P_{ref} = (U_{dc} - U_{dcref}) G_{dc}(s) \qquad (8-2)$$

式中　U_{dcref}——光伏直流母线电压参考指令，其通常由光伏 MPPT 算法获得；

　　　$G_{dc}(s)$——直流母线电压调节器函数。

考虑阻尼绕组的影响，同步发电机转子的机械运动方程表达式为

$$P_m - K_d(\omega - \omega_g) - P_e = J\omega \frac{d\omega}{dt} \approx J\omega_n \frac{d\omega}{dt} \qquad (8-3)$$

式中　P_e——同步发电机的电磁功率；

　　　J——同步发电机的转动惯量；

　　　ω_n——额定角频率；

　　　K_d——机械阻尼系数。

联立式（8-1）～式（8-3），可以得到考虑调速器作用后 PV-VSG DC/AC 部分的有功环路方程，即

$$(U_{dc} - U_{dcref}) G_{dc}(s) + D_p(\omega_n - \omega_g)$$

$$- K_d(\omega - \omega_g) - P_e \approx J\omega_n \frac{d\omega}{dt} \qquad (8-4)$$

由式（8-4）可以看出，PV-VSG DC/AC 部分有功环路很好地模拟了同步发电机的惯性、阻尼及一次调频特性。

由于同步发电机的输出电压会随着输出电流的增大而降低。为此，需要加入励磁控制器，对同步发电机的励磁电流进行实时调节，以调整其内电势的幅值，维持同步发电机输出电压的恒定。励磁控制器的闭环控制方程为

$$i_f = G_e(s)(U_{ref} - U_o) \qquad (8-5)$$

式中　U_{ref}——参考电压幅值；

　　　U_o——同步发电机输出电压幅值；

　　　$G_e(s)$——励磁控制器的调节器传递函数，为了保证输出电压能够无静差地跟踪
　　　　　　　参考电压，$G_e(s)$ 中必须含有积分环节，它可以选择积分调节器或 PI
　　　　　　　调节器等。

为了实现 PV-VSG 一次调压功能（电压-无功功率下垂功能），其参考电压的幅值会随着其输出的无功功率变化而变化，其变化规律为

$$U_{ref} = U_n + \frac{1}{D_q}(Q_{ref} - Q_e) \qquad (8-6)$$

式中　U_n——额定电压幅值；

　　　Q_{ref}——无功功率给定（对应于额定电压 U_n），该值通常由上一层调度给出；

　　　Q_e——PV-VSG 实际输出无功功率；

　　　D_q——电压-无功功率下垂系数。

联立式（8-5）、式（8-6），可以得到考虑一次调压作用后励磁控制器的闭环控

制方程，即

$$i_f = \frac{G_e(s)}{D_q}[D_q(U_n - U_o) + (Q_{ref} - Q_e)] \tag{8-7}$$

当取 $G_e(s)$ 为积分调节器时，令 $G_e(s)/D_q = 1/Ks$，则有

$$i_f = \frac{1}{Ks}[D_q(U_n - U_o) + (Q_{ref} - Q_e)] \tag{8-8}$$

式（8-8）为 PV-VSG DC/AC 部分励磁控制器的闭环控制方程。由于励磁调节器是通过控制机端电压变化来间接控制同步发电机无功功率输出，而对于以高频电力电子开关控制的逆变器来说，调制波在低频段与桥臂输出电压（等效同步发电机机端电压）可近似视为比例关系。因此，可令式（8-8）励磁调节器的输出为 PV-VSG 调制波电压，则式（8-8）可以改写为

$$E_m = \frac{1}{Ks}[D_q(U_n - U_o) + (Q_{ref} - Q_e)] \tag{8-9}$$

由式（8-9）可以看出，PV-VSG DC/AC 部分的无功环路模拟了同步发电机的一次调压特性。

PV-VSG 有功环路和无功环路分别模拟了同步发电机的惯量阻尼以及自动调频调压特性。其中，有功环路的输出作为逆变器桥臂电压指令的频率和相位，无功环路的输出作为逆变器桥臂电压的幅值，则三相调制波 e_{ma}、e_{mb} 和 e_{mc} 的表达式为

$$\begin{cases} e_{ma} = E_m \sin\theta \\ e_{mb} = E_m \sin(\theta - 120°) \\ e_{mc} = E_m \sin(\theta + 120°) \end{cases} \tag{8-10}$$

至此，引入虚拟阻抗以获得 PV-VSG DC/AC 部分电流内环指令在三相静止坐标系下的参考，即

$$i_{Lrefabc} = (e_{mabc} - e_{gabc})\frac{1}{sL_v + r_v} \tag{8-11}$$

式中 L_v、r_v——所构建的虚拟阻抗电感与其寄生电阻；

e_{gabc}——三相电网电压。

将所获得的电流内环指令参考与采样所获得的三相电感电流反馈信号 i_{Labc} 进行坐标变换，并在两相旋转坐标系下构建电流内环控制器从而实现对逆变器输出电感电流的闭环控制，从而电流内环控制方程为

$$\begin{cases} M_{Vd} = (i_{dref} - i_{Ld})\left(K_P + \frac{K_I}{s}\right) - \omega L_f i_{Lq} + E_{gd} \\ \\ M_{Vq} = (i_{qref} - i_{Lq})\left(K_P + \frac{K_I}{s}\right) + \omega L_f i_{Ld} + E_{gq} \end{cases} \tag{8-12}$$

式中　　i_{dref}、i_{qref}——电感电流参考信号；

$\qquad$ i_{Ld}、i_{Lq}——三相电感电流反馈信号；

$\qquad$ E_{gd}、E_{gq}——电网电压在两项旋转坐标系 dq 轴下的分量；

$\qquad$ K_P、K_I——电流内环调节器的比例系数和积分系数。将 dq 轴坐标系下的电流内环输出信号 M_{Vdq} 经过反 Park 变换后，进一步获得两相静止坐标系下的调制信号 $M_{V\alpha\beta}$，并最终经过 SVM 生成控制 PV - VSG DC/AC 部分的占空比信号。

8.3.2　PV - VSG DC/DC 控制

当电网发生系统低频或高频等频率异常时，需要 PV - VSG 自主增发或吸收一定的有功功率以向电网提供有功正向或负向支撑，从而有助于电网频率恢复。为了实现这一功能，在 PV - VSG 系统中配置了储能及对应的双向 DC/DC 变换器。

当电网发生低频异常时，此时 PV - VSG 所配置的储能将根据电网频率跌落情况适时通过双向 DC/DC 变换器向直流母线输送能量，并最终通过 PV - VSG DC/AC 部分转化为有功功率，向电网提供有功支撑，参与电网一次调频。同理，当电网发生高频异常时，此时储能及其双向 DC/DC 变换器通过从直流母线吸收有功功率以降低 PV - VSG 总出力。

PV - VSG 响应电网频率变化时所产生的惯量和一次调频功率均由储能及 DC/DC 部分承担，从而 DC/DC 部分功率参考指令为

$$P_{dcref} = D_p(\omega_n - \omega_g) - K_d(\omega - \omega_g) \qquad (8-13)$$

PV - VSG 系统典型控制框图如图 8 - 11 所示。

8.3.3　PV - VSG 并网实现方式

常规虚拟同步发电机为了实现并网工作，通常需要通过一个类似于传统同步发电机并网前的预同步（并网同期）环节实现，即虚拟同步发电机首先做离网运行，并同时检测并网开关 S_w 两侧的电压信号（即逆变器自身输出电容电压 e_{oabc} 和电网电压 e_{gabc}），然后通过同步控制手段实现逆变器自身输出电压 e_{oabc} 与电网电压 e_{gabc} 幅相频率保持一致后，再闭合并网开关 S_w 实现虚拟同步发电机的并网。因此，当传统虚拟同步发电机并网实现方式应用在 PV - VSG 上时，在硬件上需要增加额外的电压传感器用于检测逆变器自身输出电压，在控制算法上需要增设离/并网同步控制。

对于接入大电网的 PV - VSG 而言，传统虚拟同步发电机的并网实现方式显然是不适合的。与接入配电网、微网等虚拟同步发电机面临的工况不同，接入大电网工况下的 PV - VSG 基本工作在并网模式，通常无需离网运行。然而，传统电流源型光伏并网逆变器通常只需检测电网电压并对其进行锁相控制即可实现直接并网。因此，提

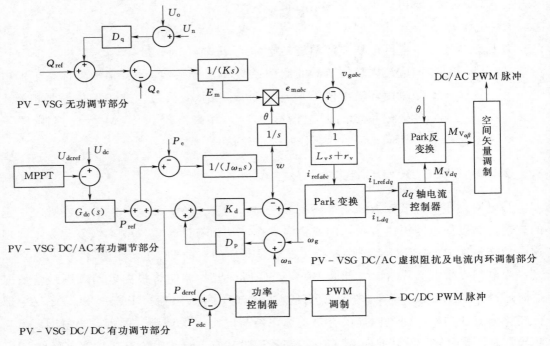

图 8-11 PV-VSG 系统典型控制框图

出了利用传统电网电压锁相方式实现 PV-VSG 逆变器部分先行并网，然后再将系统整体控制算法平滑切换至虚拟同步机控制的做法。

　　PV-VSG 并网实现典型控制框图如图 8-12 所示。其中，PV-VSG DC/AC 部分初始阶段运行传统并网逆变器功率闭环控制策略（phase locked loop-power control，PLL-PC）。即先闭合并网开关 S_w，根据采样获得三相电网电压 e_{gabc} 并对其进行锁相分别获得电网电压在两相旋转坐标系下的幅值 E_{gd} 及相位 θ_g。将并网逆变器功率调度指令 P_{ref}、Q_{ref} 转换为对应的有功、无功电流参考信号 i_{dqref} 并通过电流环进行闭环控制。电流环控制器输出信号 M_{dq} 经过反 park 变换生成相应的调制波 $M_{\alpha\beta}$。控制逻辑切换开关 S 选通 $M_{\alpha\beta}$，进入空间矢量调制生成控制开关管的占空比信号。

　　与此同时，控制器离线运行 PV-VSG 控制算法。在 PV-VSG 系统控制中，控制逻辑切换开关 S 分别选通虚拟计算无功功率 Q_{Ve}，虚拟计算有功功率 P_{Ve}，虚拟计算电感电流 i_{VLabc}，进入 PV-VSG 控制环路离线闭环运行。此时，PV-VSG DC/AC 系统控制方程为

$$\begin{cases} P_{ref}+D_p(\omega_n-\omega_g)-K_d(\omega-\omega_g)-P_{Ve} \approx J\omega_n\dfrac{\mathrm{d}\omega}{\mathrm{d}t} \\ E_m=\dfrac{1}{Ks}[D_q(U_n-U_o)+(Q_{ref}-Q_{Ve})] \end{cases} \quad (8-14)$$

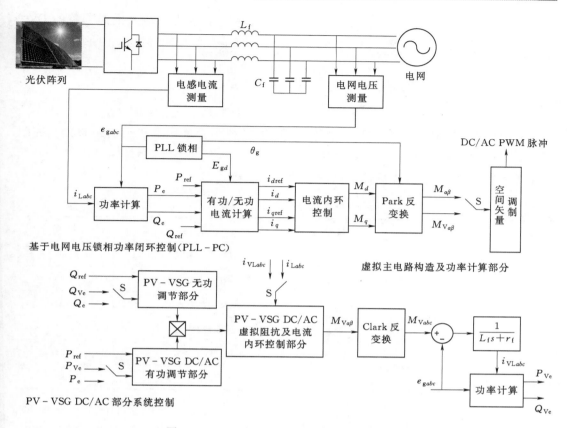

图 8-12　PV-VSG 并网实现典型控制框图

将 PV-VSG 系统控制中的电流内环输出信号 $M_{V\alpha\beta}$ 经过反 Clark 变换获得三相调制波 M_{Vabc}。由于逆变器三相调制波可等效逆变器桥臂电压基波分量，因此在离线运行环境下，可进一步在控制策略中构造虚拟等效主电路，进而获得相应的三相虚拟电感电流 i_{VLabc}，即

$$i_{VLabc} = (M_{Vabc} - e_{gabc})\frac{1}{sL_f + r_f} \tag{8-15}$$

式中　L_f、r_f——PV-VSG 逆变器部分真实主电路中的滤波电感值及其寄生电阻值。

根据所获得的三相虚拟电感电流 i_{VLabc} 和实际采样获得的电网电压 e_{gabc} 计算生成虚拟有功功率 P_{Ve} 和虚拟无功功率 Q_{Ve}，并送入离线运行下的 PV-VSG 系统控制中。

在线运行的传统并网逆变器 PLL-PC 控制策略与离线运行的 PV-VSG 控制策略同时在控制器中运行计算。当两套控制策略中的功率调度指令完全相同时，在线运行的 PLL-PC 控制策略中的调制波 $M_{\alpha\beta}$ 与离线运行时的 PV-VSG 控制策略的调制波 $M_{V\alpha\beta}$ 必然会保持近似一致，从而具备了将逆变器系统整体控制策略由 PLL-PC 控制策略切换到 PV-VSG 控制策略的条件。此时，只需将逻辑选通开关 S 分别由初始状

态的 Q_{Ve}、P_{Ve}、i_{VLabc}、$M_{\alpha\beta}$ 切换到 Q_e、P_e、i_{Labc}、$M_{V\alpha\beta}$，即可完成并网逆变器的 PV - VSG 控制算法由离线运行转为在线运行，实现并网逆变器控制环路由 PLL - PC 控制策略向 PV - VSG 控制算法的整体切换。

8.3.4 PV - VSG 仿真

在 MATLAB 中搭建了 500kW PV - VSG 系统模型，其中系统主电路参数和控制参数见表 8 - 4。考虑到 PV - VSG 实际装置开发成本，所配置的储能容量按照 10% 光伏额定输出功率×15s 进行设计，储能本体选择超级电容。

表 8 - 4　　　　　　　　　　　500kW PV - VSG 系统模型参数

参数	数值	参数	数值
光伏额定功率 P_{pv}	500kW	有功下垂系数 D_p	16000
储能电池电压 U_{in}	200~480V	无功下垂系数 D_q	20000
DC/DC 电感 L_{in}	0.8mH	机械阻尼系数 K_d	80000
滤波电感 L_f	0.15mH	虚拟转动惯量 J	0.33
滤波电容 C_f	600μF	一次调压系数 K	318
DC/AC 开关频率	3.2kHz	DC/DC 开关频率	6.4kHz

在 PV - VSG 并网实现方案下，PV - VSG 系统的并网仿真波形如图 8 - 13 所示。其中图 8 - 13 （a） 为在线运行的 PLL - PC 控制调制波 M_α 与离线运行的 PV - VSG DC/AC 控制调制波 $M_{V\alpha}$ 仿真波形；图 8 - 13 （b） 为控制环路切换瞬间，PV - VSG DC/AC 控制调制波 $M_{V\alpha}$ 仿真波形；图 8 - 13 （c） 为控制环路切换瞬间，A 相输出电感电流及有功功率波形。

初始阶段，逆变器部分采用传统基于电网电压锁相的方式实现并网，并在线运行功率闭环控制，与此同时 PV - VSG DC/AC 控制算法离线运行，两种控制方案下的有功功率调度均为 0kW。图 8 - 13 （a） 中，两种控制方案下的调制波 $M_{V\alpha}$ 和 M_α 幅相频基本保持一致，从而表明此时逆变器控制环路具备由 PLL - PC 控制切换至 PV - VSG 控制的条件。

在 1s 时刻，逆变器控制系统由 PLL - PC 控制策略切换至 PV - VSG 控制策略，即此时 PV - VSG DC/AC 控制算法由离线运行切换至在线运行。图 8 - 13 （b） 给出的 PV - VSG DC/AC 控制调制波 $M_{V\alpha}$ 显示：在控制切换瞬间，调制波 $M_{V\alpha}$ 没有出现任何畸变，整个控制系统由离线平滑切换至在线运行。图 8 - 13 （c） 显示在控制环路切换前后，并网逆变器输出没有产生任何电流过冲，整个控制环路始终保持闭环稳定运行。

PV - VSG 系统一次调频仿真波形如图 8 - 14 所示。为了验证 PV - VSG 响应电网频率波动时所具备的自主调频功能，图 8 - 14 给出了当电网频率分别由 50Hz 阶跃至

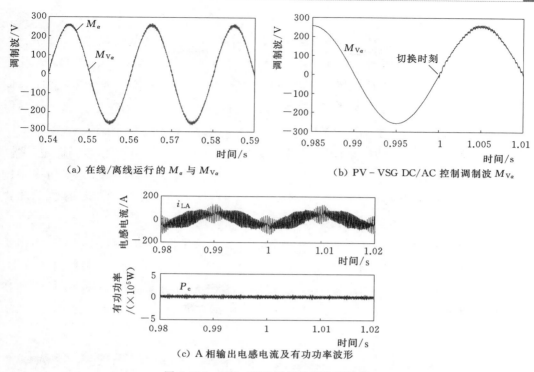

（a）在线/离线运行的 M_a 与 M_{Va}

（b）PV-VSG DC/AC 控制调制波 M_{Va}

（c）A 相输出电感电流及有功功率波形

图 8-13　PV-VSG 系统并网仿真波形

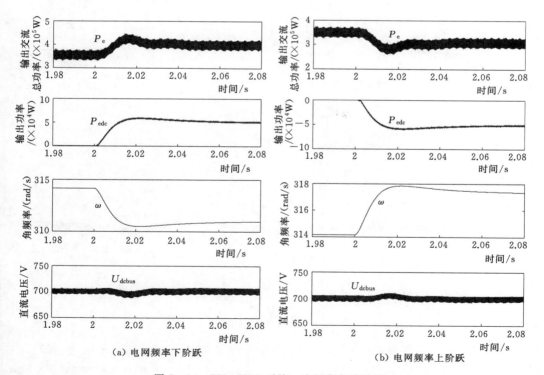

（a）电网频率下阶跃

（b）电网频率上阶跃

图 8-14　PV-VSG 系统一次调频仿真波形

49.5Hz 和 50.5Hz 时的 PV-VSG 系统仿真波形。

图 8-14 显示，初始阶段，PV-VSG 根据当前光照条件遵循最大功率跟踪控制，此时 PV-VSG 输出功率约为 350kW。当电网频率在 2s 时刻突然由 50Hz 阶跃至 49.5Hz/50.5Hz，PV-VSG 可自主响应电网频率突变，其所配置的储能通过双向 DC/DC 变换器向直流母线输出/吸收能量，并最终通过 PV-VSG 逆变器部分参与电网一次调频。在所设计的控制参数下，储能可参与电网调频的功率最大约为 50kW。此外，由于 PV-VSG 有功环路模拟了同步发电机转子运动方程中的惯量与阻尼特性，在电网频率突变瞬间，PV-VSG 自身输出角频率并未随着电网频率的突变而产生剧烈变化。同时，在整个频率事件过程中 PV-VSG 直流母线电压始终保持良好的稳定控制。

为了验证 PV-VSG 响应电网幅值波动时具备的自主调压功能，图 8-15 给出了当电网电压幅值由 1pu 阶跃至 1.05pu/0.95pu 时，PV-VSG 系统一次调压仿真波形。其中自上而下分别为 PV-VSG 输出有功功率、输出无功功率、PV-VSG 逆变器桥臂输出电压基波幅值以及 PV-VSG 直流母线电压仿真波形。

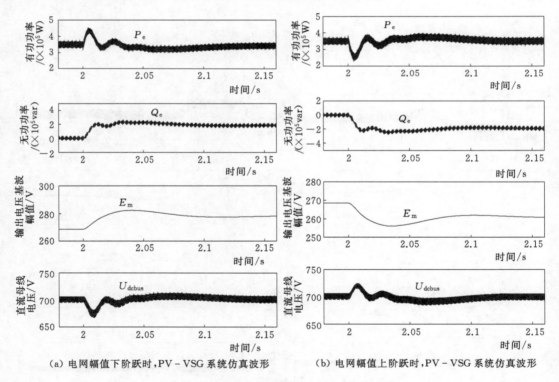

（a）电网幅值下阶跃时，PV-VSG 系统仿真波形　　（b）电网幅值上阶跃时，PV-VSG 系统仿真波形

图 8-15　PV-VSG 系统一次调压仿真波形

图 8-15 显示，当电网电压在 2s 时刻突然由 1pu 阶跃至 1.05pu/0.95pu 时，在 PV-VSG 额定容量范围内，PV-VSG 可自主响应电网幅值变化向电网提供无功支

撑,自动参与电网一次调压。在当前设计的控制参数下,PV-VSG 向电网提供的无功功率约为 ±200kvar。同时,在整个电压事件过程中,PV-VSG 直流母线电压同样保持良好的稳定控制。

考虑到光伏电池板出力受光照强度影响时刻在变化,为了验证 PV-VSG 在光照发生变化时的系统整体控制稳定性,图 8-16 给出了当光伏电池板所受光照强度发生突变时的 PV-VSG 系统仿真波形。在光照发生变化的同时,电网频率/幅值保持额定值不变,即此时 PV-VSG 不参与电网一次调频/调压。其中自上而下分别为 PV-VSG 输出有功功率、输出无功功率、PV-VSG DC/AC 部分输出角频率以及 PV-VSG 直流母线电压仿真波形。

图 8-16 显示,当光照在 2s 时刻发生突变时,PV-VSG 直流母线电压可迅速实现对 MPPT 工作点的跟踪,以实现 PV-VSG 保持最大功率输出。此外,由于 PV-VSG 有功环路中的虚拟惯量与阻尼的作用,使得 PV-VSG 自身输出角频率并未随着光照的

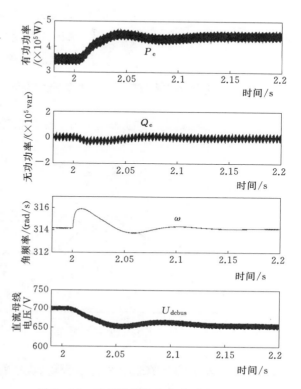

图 8-16 光照强度发生突变时 PV-VSG
系统仿真波形

突变(类似原动机机械功率给定突变)而产生剧烈变化,从而有效减轻 PV-VSG 瞬时出力对电网造成的有功冲击,提升 PV-VSG 并网友好性。

8.3.5 PV-VSG 试验验证

1. 有功-频率控制功能测试

电池电压大于 750V,调节电网给定侧电压为 315V、频率为 50Hz,设定虚拟同步机有功—转矩下垂系数 D_p,调节虚拟同步机使其正常运行在 50% 额定功率值;调节模拟电网频率从 50Hz 连续变化至 51Hz,再从 51Hz 连续变化至 50Hz,变化步长为 0.05Hz/s;调节模拟电网频率从 50Hz 连续变化至 49Hz,再从 49Hz 连续变化至 50Hz,变化步长为 0.05Hz/s;利用测量设备记录虚拟同步机直流母线电压、电流波形和虚拟同步机交流输出电压、电流波形,计算并拟合有功功率变化曲线和模拟电网

频率变化曲线。

调节虚拟同步机使其正常运行在额定功率值，分别设定虚拟同步机有功—频率下垂系数 D_p 为制造商提供设定系数，重复上述步骤。

按照上述有功—频率控制功能测试方法，频率变化 1Hz 对应到虚拟同步机有功功率响应为 500kW，首先模拟电网频率从 50Hz 连续变化至 49Hz，变化步长为 0.1Hz 时，当转动惯量 $J=1、3、7、9$ 时，反复进行上述实验，形成的实验波形如图 8-17～图 8-20 所示。

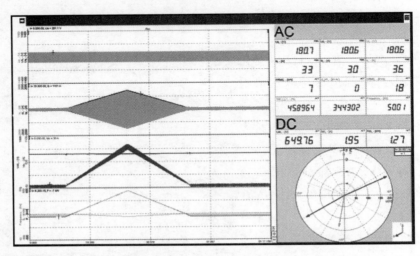

图 8-17　转动惯量 $J=1$ 实验波形图

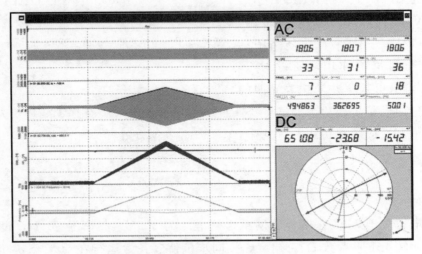

图 8-18　转动惯量 $J=3$ 实验波形图

从实验波形可以看出，系统频率降低，虚拟同步机特性光伏逆变器输出有功功率增加；系统频率升高，虚拟同步机特性光伏逆变器输出有功功率下降，对系统频率具备一定的支撑能力。

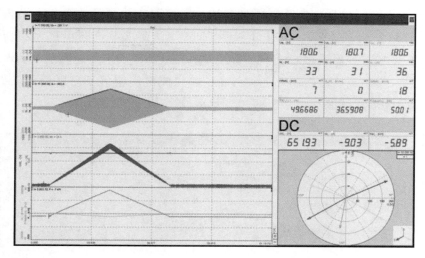

图 8-19　转动惯量 $J＝7$ 实验波形图

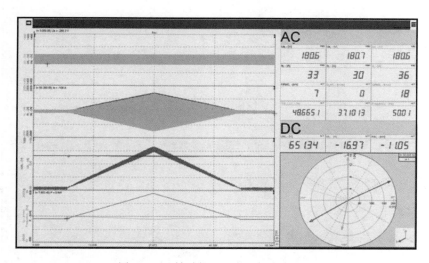

图 8-20　转动惯量 $J＝9$ 实验波形图

2. 无功—电压控制功能测试

调节给定机侧电压为 315V、频率为 50Hz，设定虚拟同步机无功—电压下垂系数 D_q，调节虚拟同步机使其正常运行在 50% 额定功率值。

调节模拟电网电压从 315V 连续变化至 347.5V，再从 347.5V 连续变化至 380V，变化步长为 0.1V/s；调节模拟电网频率从 315V 连续变化至 283.5V，再从 283.5V 连续变化至 380V，变化步长为 0.1V/s；利用测量设备记录虚拟同步机直流母线电压、电流波形和虚拟同步机交流输出电压、电流波形，计算并拟合无功功率变化曲线和模拟电网电压变化曲线；调节给定机侧电压为 315V、频率为 50Hz，调节虚拟同步机使其正常运行在额定功率值，重复上述步骤。

　　按照上述无功—电压控制功能测试方法，对实验方法稍有改动：调节模拟电网电压从 315V 连续变化至 307V，变化步长为 0.1V/s；要求虚拟同步机无功功率响应为 250kvar。根据电压下垂系数，完成了电压幅值从 315V 连续变化至 307V 后维持在 307V 的过程，变化至 307V 后又连续恢复，并完成电压幅值下阶跃后上阶跃的实验，形成了的实验波形如图 8-21～图 8-23 所示。

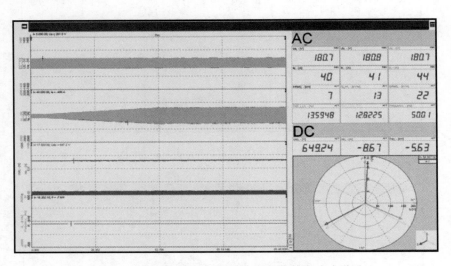

图 8-21　电压幅值向下连续变化后维持实验波形图

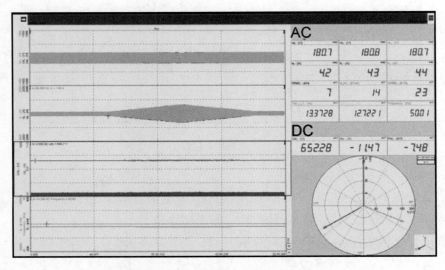

图 8-22　电压幅值向下连续变化后连续恢复实验波形图

　　从实验波形可以看出，当电压幅值升高时，虚拟同步机特性光伏逆变器吸收无功功率；电压幅值降低时，虚拟同步机特性光伏逆变器输出无功功率；这对系统电压幅值具有一定的支撑作用。

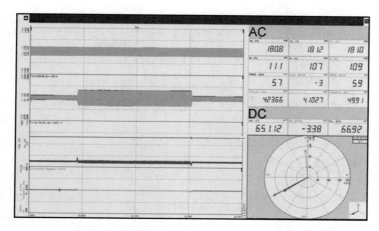

图 8 - 23　电压幅值下阶跃后上阶跃恢复实验波形图

8.4　光伏逆变器其他应用模式分析

8.4.1　静态调度响应

并网光伏装机容量占一次能源的比例越来越高，光伏发电参与电力系统调度的重要性日益突出。GB/T 19964—2012 及 GB/T 29319—2012 等标准中规定了光伏发电站应具备参与电力系统调频、调峰、调压等的能力，随着光伏发电渗透率的持续上升，针对光伏发电也提出了更高的并网技术要求，GB/T 37408—2019 中针对光伏逆变器有功功率、无功功率、运行适应性均提出了相应技术要求。目前光伏发电站调度方式主要是调度主站将调度指令下发至电站 AGC/AVC 系统，AGC/AVC 系统通过通信方式下发至逆变器。

针对有功功率控制模式，要求光伏逆变器应具备有功功率连续平滑调节的能力，应能接受功率控制系统指令调节有功功率输出值，应能设置启停机时的有功功率变化速度，宜具有一次调频控制的功能。因此光伏逆变器通常支持固定有功控制、斜坡率控制、有功调频 $P(f)$ 等模式。其中光伏逆变器应具备一次调频功能，调度机构向电站 AGC 下发有功目标值，AGC 根据该目标值按照设定的控制策略，计算逆变器的有功出力目标值，下发控制指令控制逆变器的有功出力，使并网有功值接近目标值，实现有功功率的闭环控制。

针对无功功率控制模式，要求光伏逆变器应具有多种无功控制模式，包括电压/无功控制、恒功率因数控制和恒无功功率控制等；应具备接受功率控制系统指令并控制输出无功功率的能力；应具备多种控制模式在线切换的能力。因此光伏逆变器通常支持固定无功功率 Q、固定功率因数 PF、无功调压 $Q(U)$ 和自动电压控制 AVR 等模式。其中光伏逆变器最大无功输出需符合 GB/T 37408—2019 的要求，可达额定容量的 48％，即额定有功功率运行时，功率因数达到 0.9。调度机构向 AVC 下发无功、电压或功率因数的目标值，AVC 根据该目标值，按照设定的控制策略，计算出逆变器和无功补偿装置的无功出力目标值，下发控制指令控制逆变器的无功出力，使并网无功、电压、功率因数值接近目标值，实现无功功率的快速闭环控制，光伏逆变器实现无功控制调度指令示意图如图 8-24 所示。

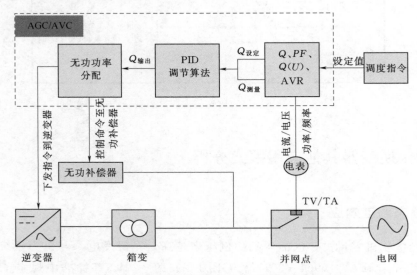

图 8-24 光伏逆变器实现无功控制调度指令示意图

8.4.2 动态无功补偿

动态无功响应也是光伏发电站应具备的主要技术指标之一，当发生电网故障时，光伏发电站应具备故障穿越能力，同时实现动态无功响应。通常大型光伏发电站需配置一定容量的 SVG 设备，一般为光伏发电站总容量的 15％～30％，但 SVG 价格昂贵，且 SVG 长时间处于待机状态，存在较大的空载电量损失，而光伏逆变器功率因数在一定范围内可调可控，逆变器除具备快速响应调度指令的功能，还具备动态无功补偿的能力。光伏逆变器的功率因数一般在超前 0.9 到滞后 0.9 之间连续可调，这意味着 500kW 的逆变器，在输出 500kW 有功的同时，可以发出 242kvar 的容性或感性无功，满足目前电站要求配置 15％～30％容量 SVG 的要求。光伏逆变器能否替代 SVG 成为光伏发电站动态无功源，关键指标是光伏发电站整站无功输出响应时间能否达到要求。

光伏发电站动态无功响应时间指光伏发电站自并网点电压异常升高或者降低达到触发设定值开始，直到光伏发电站并网点无功功率实际输出变化量（目标值与初始值之差）达到目标值的 90％所需的时间，动态响应时间用于考核光伏发电站动态无功响应能力。

光伏发电站典型调度通信结构示意图如图 8-25 所示。

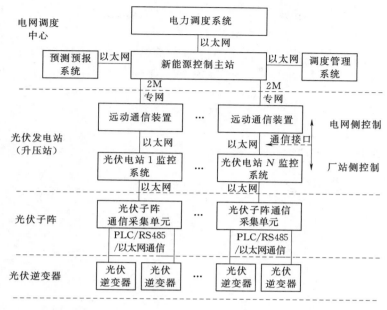

图 8-25　光伏发电站典型调度通信结构示意图

光伏发电站监控系统通常由数据采集、数据传输、数据存储处理三个部分组成。

数据采集装置与底层设备相连接，采集设备采集的实时数据有汇流箱电流、逆变器功率和发电量、环境监测仪温度和风向、保护装置（高压开关状态、直流接地状态）、计量装置（电量/电压/电能质量等计量仪器数据）等。

数据传输主要包括监测设备和数据采集装置之间的传输、数据采集装置和数据中心之间的传输。数据采集装置可实现规约转换，光伏发电站站内通信规约见表 8-5。通信规约主要包括串口类和网络类，其中串口类包括 IEC 60870-101、Modbus、DL/T CDT 等，网络类包括 IEC60870-103、IEC60870-104、IEC61850 等；通信标准接口主要包括 RS232、RS485、RS422、光纤等；通信方式主要包括主从一对多或一对一、问答式、循环式等。

表 8-5　　　　　　　站 内 通 信 规 约

通信规约种类	串口类	IEC 60870-101、Modbus、DL/T CDT 等
	网络类	IEC 60870-103、IEC 60870-104、IEC 61850 等
通信标准接口		RS232、RS485、RS422、光纤等
通信方式		主从一对多或一对一、问答式、循环式等

网络通信协议层共分为 7 层，即 OSI 模型标准，数据传输过程可表示为，发送进程送给接收进程的数据，是经过发送方各层从上到下传到物理媒体，通过物理媒体传

输到接收方后，再经过从下到上各层的传递，最后达到接收进程；在发送方从上到下逐层传递的过程中，每一层都要加上适当的控制信息，统称为报头，在接收方向上传递的过程正好相反，要逐层剥去发送方相应层加上的控制信息。

在监测设备和数据采集装置之间的传输方面，监测设备通信标准接口通常采用 RS485、RS232 或 RS422 与相关数据采集装置相连接，以光伏发电单元典型通信结构为例，其示意图如图 8-26 所示。

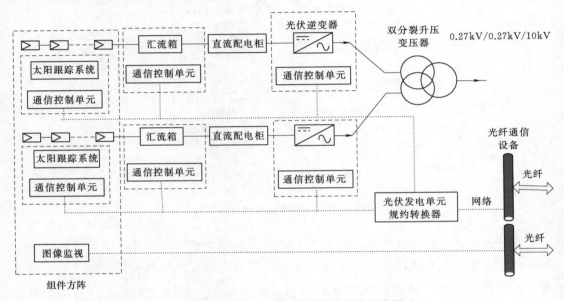

图 8-26　光伏发电单元典型通信结构示意图

数据采集装置采用与设备对应的协议对数据进行整合，通常数据采集周期不大于 5min，且应该保证数据的连续性；数据采集装置与监控中心通信网络间通常相距较远，通信标准接口采用工业以太网（TCP/IP）光纤连接。基于 TCP/IP 的以太网是标准开放式网络，光纤组网可采用星型拓扑结构或环网拓扑结构，如图 8-27 所示。

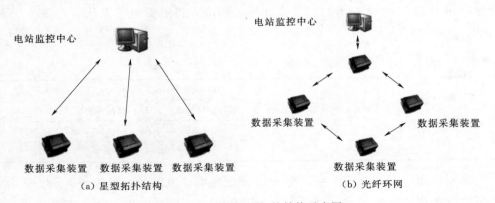

图 8-27　光纤组网拓扑结构示意图

　　数据存储处理通常采用监控中心的后台机处理各个模块上传的数据，实现各种（遥测、遥信、遥控）数据的上传下达，后台机可以按照电网公司要求，上传电站数据，下达调度主站指令。

　　动态无功响应时间一方面取决于电站监控系统接受调度指令后下发至逆变器的速度；另一方面取决于逆变器动态无功响应模式和设备本身的响应速度。

　　对于光伏逆变器响应时间，通常基于现有的光纤 104 协议及屏蔽双绞线 RS485/modbus 通信技术，从 AGC/AVC 下发指令到逆变器动作响应一般为 100～200ms，智能逆变器在优化通信链路拓扑，采用光纤 GOOSE 协议和高频宽带 HPLC 方案等技术后，数据传输速率大幅提升，从 AGC/AVC 下发指令到逆变器的动作响应时间可缩短至 20ms 以内。因此，随着信息通信可靠性提升，可实现光伏逆变器替代 SVG 进行整站动态无功响应的功能。

参考文献

［1］　董若飞. 光伏电站智能化运维探析［J］. 设备管理与维修，2020（1）：37 - 38.

［2］　张宗献. 光伏电站智能运维发展趋势研究［J］. 低碳技术，2019（1）：50 - 51.

［3］　邵松，曹海英. 光伏电站智能运维发展趋势的探讨［J］. 中国科技纵横，2017（16）：162 - 163.

［4］　徐献丰，陈晓高，熊保鸿. 光伏逆变器接入智能电网的要求和技术探讨［J］. 太阳能，2015（1）：17 - 21.

［5］　武兆亮，赵庆生，郭贺宏，等. 光伏智能逆变器电压/无功控制研究［J］. 可再生能源，2015，33（1）：32 - 36.

［6］　韩平平，范桂军，孙维真，等. 基于数据测试和粒子群优化算法的光伏逆变器 LVRT 特性辨识［J］. 电力自动化设备，2020，40（2）：49 - 54.

［7］　许泽阳. 储能逆变器虚拟同步发电技术研究［J］. 电器与能效管理技术，2019（23）：65 - 69.

［8］　何智成. 带储能装置的独立光伏发电系统研究［D］. 株洲：湖南工业大学，2018.

［9］　Timbus A，Teodorescu R，Blaabjerg F，et al. Synchronization methods for three phase distributed power generation systems - An overview and evaluation［C］，2005.

［10］　郝雨楠，高阳阳，李昊鹏，等. 国内外光伏建筑一体化的现状及未来发展趋势研究［J］. 门窗，2019（7）：19 - 22.

［11］　邹云峰，吴飞，王光星，等. 基于光伏逆变器通信协议的智能匹配技术研究［J］. 计算机计量与控制，2017，25（9）：237 - 241.

［12］　檀庭方，李靖霞，吴世伟，等. 基于"互联网＋"的智能光伏电站集中运维系统设计与研究［J］. 太阳能，2017（9）：23 - 28.

［13］　王思. 浅析"光伏＋储能"融合发展趋势［N］. 中国能源报，2018 - 08 - 13.

［14］　罗力，沈立梁，何金伟，等. MODBUS 协议在光伏并网系统中的应用［J］. 微计算机信息，2009，25（4 - 2）：636 - 639.

［15］　穆娜，马亮，林锥，等. 基于 Modbus RTU 通信协议的光伏逆变器通信系统［J］. 电子设计工程，2014，（19）：187 - 189.

［16］　姚俊. 我国光伏并网逆变器未来发展初探［J］. 太阳能，2013（2）：19 - 21.